어떤 문제도 해결하는
사고력 수학 문제집

박학다식 문해력 수학

초등 4년

1단계

VI아에드
ViaEducation **

사고력+문해력 융합
수학 학습 프로그램

사고력 **문해력**

문제해결능력
추론능력
의사소통능력
연결능력
정보처리능력
표현력
어휘력
메타인지능력

발행처 비아에듀 | 지은이 **최수일·문해력수학연구팀** | 발행인 **한상준** | 초판 1쇄 발행일 2023년 7월 21일
편집 **김민정·강탁준·최정휴·손지원** | 기획 자문 **박일(수학체험연구소장)** | 삽화 **김영화·이소영** | 디자인 **조경규·김경희·이우현**
주소 서울시 마포구 월드컵북로6길 87 | 전화 02-334-6123 | 홈페이지 viabook.kr

문해력이 수학 실력을 좌우합니다

지능 검사는 5개 영역에서 이루어집니다. 어휘적용, 언어추리, 산수추리, 수열추리, 도형추리입니다. 이 중에서 수학 실력과 가장 밀접한 상관관계를 갖는 영역은 무엇일까요? 많은 연구 결과, 수학과 직접적인 관계가 있는 산수추리나 수열추리, 도형추리보다 어휘적용과 언어추리가 수학 실력과의 상관관계가 더 높은 것으로 나타났습니다. '어휘적용'과 '언어추리'가 무엇일까요? 바로 문해력입니다. 문해력이 수학 실력을 좌우합니다.

문해력은 무엇일까요? 문해력은 글을 읽고 의미를 파악하고 이해하는 능력뿐만 아니라 중요한 정보나 사실을 찾고 연결하는 능력이며, 실생활에서 맞닥뜨리는 상황을 이해하고 해결하는 능력입니다. 이는 수학에서 요구하는 역량과도 맞닿아 있습니다. 2024년부터 적용되는 새로운 수학 교육과정은 문제해결, 추론, 의사소통, 연결, 정보처리의 5대 교과 역량을 기반으로 구성됩니다. 또한, 최근 세계적으로 우수한 인재를 위한 교육 프로그램으로 인정받고 있는 IB(International Baccalaureate) 프로그램에서도 사고력을 키워주는 역량 중심의 교육과정을 지향하고 있습니다. 초등수학 IB 프로그램은 위에서 언급한 역량을 키우기 위해 서술형, 논술형 문제를 통해 설명하기(프리젠테이션)와 글쓰기 공부를 강조하고 있습니다.

지식과 정보가 폭발적으로 증가하는 사회에 능동적으로 대응할 수 있는 역량을 갖추는 공부가 절실히 필요한 때입니다. 수학 개념을 정확하고 논리적으로 설명할 줄 아는 공부야말로 미래를 준비하고, 대처할 수 있는 능력을 키워 줄 수 있습니다. 『박학다식 문해력 수학』은 수학 교육과정에서 요구하는 5대 역량과 '설명하기'를 통해 학생이 개념을 충분히 인지하였는지를 알 수 있는 메타인지능력, 그리고 문해력을 동시에 키울 수 있는 교재입니다.

이 책과 함께 성장하는 여러분의 미래를 응원합니다.

박학다식 문해력 수학

step 1

내비게이션

교과서의 교육과정과
학습 주제를 확인해 보세요.
문제에 집중하다 보면
길을 잃기도 하거든요.
내가 공부하고 있는 위치를
확인하는 습관을 지녀보세요.

13 평면도형의 이동 → 평면도형 밀기

> 잘 가!
>
> 애들아, 내가 저곳에 들어갈 수 있게 좀 도와줘.
>
> 내가 밀어줄게.
>
> 잘 가!

만화

만화는 뒤에 나오는
'수학 문해력'과 연결이 돼요. 만화를 보며 해당 학습 주제에 대해 상상해 보세요.
그리고 이 주제를 '왜' 배워야 하는지 생각해 보세요.

30초 개념

수학은 '뜻(정의)'과 '성질'이
중요한 과목입니다.
꼭 알아야 할 핵심만
정리해 한눈에 개념을
이해할 수 있어요.

step 1 30초 개념

- 평면도형을 어느 방향으로 밀어도 모양과 크기가 같습니다.
  — 삼각형 ㄱㄴㄷ을 위쪽, 아래쪽, 왼쪽, 오른쪽으로 5 cm 밀었을 때의 도형을 그리면 오른쪽 그림과 같습니다.

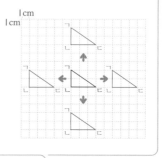

개념연결

수학의 개념은 전 학년에 걸쳐
모두 연결되어 있어요. 지금
배우는 개념이 이해가 되지
않는다면 이전 개념으로 돌아가
다시 확인해 보세요. 그리고 다음에는 어떤 개념으로 연결되는지도 꼭 확인하세요.

개념연결			
3-1	3-1	4-1	4-1
직각삼각형	직사각형과 정사각형	평면도형 밀기	평면도형 뒤집기

매일 한 주제씩 꾸준히 공부하는 습관을 키워 보세요.
'빨리'보다는 '정확하게' 학습 내용을 이해하는 것이 중요합니다.

공부한 날   월   일

step **2** 설명하기

질문 **❶** 모양 조각을 화살표 방향으로 밀었을 때의 모양을 그리고, 그 결과를 설명해 보세요.

설명하기 모양 조각을 위쪽, 아래쪽, 왼쪽, 오른쪽 방향으로 민 그림은 오른쪽과 같습니다.
모양 조각을 여러 방향으로 밀면 미는 방향에 따라 조각의 위치가 바뀝니다.
조각의 모양은 변화가 없습니다.

설명하기

'30초 개념'을 질문과 설명의 형식으로
쉽고 자세하게 풀어놓았어요.

• 이렇게 공부해 보세요!
1. 무엇을 묻는 질문인지 이해한다.
2. '설명하기'를 소리 내어 읽는다.
3. 친구에게 설명한다.
4. 손으로 직접 써서 정리한다.

퍼즐 조각을 밀어서 정사각형을 완성하고, 그 과정을 설명해 보세요.

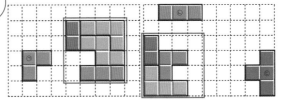

정사각형을 완성하려면 조각 ㉠을 오른쪽으로 3칸 밀어야 합니다.
조각 ㉡은 아래쪽으로 2칸 밀어야 합니다.
조각 ㉢은 왼쪽으로 5칸 밀어야 합니다.

이 과정을 거치게 되면 초등수학의
모든 개념을 정복할 수 있어요.

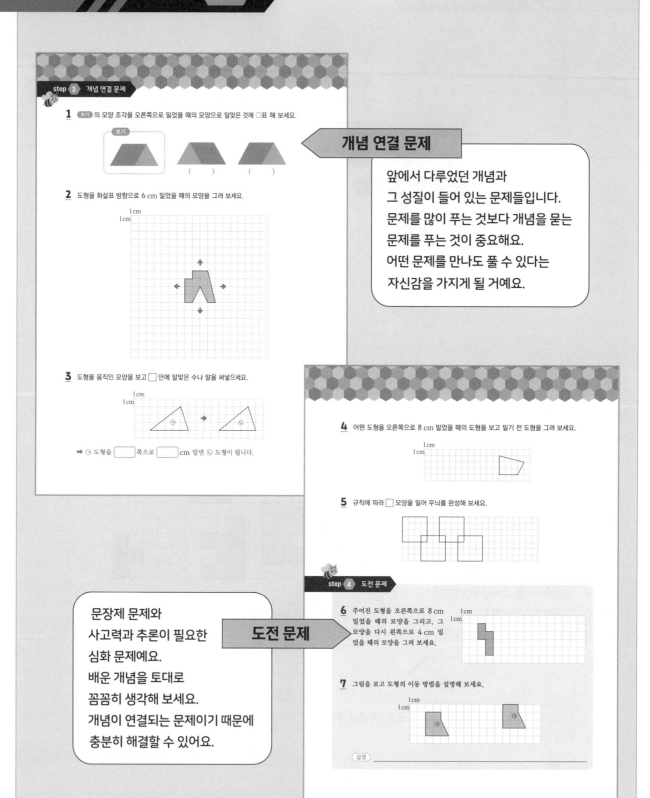

step **3** 개념 연결 문제

1 [보기]의 모양 조각을 오른쪽으로 밀었을 때의 모양으로 알맞은 것에 ○표 해 보세요.

보기

( ) ( )

개념 연결 문제

앞에서 다루었던 개념과
그 성질이 들어 있는 문제들입니다.
문제를 많이 푸는 것보다 개념을 묻는
문제를 푸는 것이 중요해요.
어떤 문제를 만나도 풀 수 있다는
자신감을 가지게 될 거예요.

2 도형을 화살표 방향으로 6 cm 밀었을 때의 모양을 그려 보세요.

1cm
1cm

3 도형을 움직인 모양을 보고 □ 안에 알맞은 수나 말을 써넣으세요.

1cm
1cm

➡ ㉠ 도형을 □ 쪽으로 □ cm 밀면 ㉡ 도형이 됩니다.

4 어떤 도형을 오른쪽으로 8 cm 밀었을 때의 도형을 보고 밀기 전 도형을 그려 보세요.

1cm
1cm

5 규칙에 따라 □ 모양을 밀어 무늬를 완성해 보세요.

step **4** 도전 문제

문장제 문제와
사고력과 추론이 필요한
심화 문제예요.
배운 개념을 토대로
꼼꼼히 생각해 보세요.
개념이 연결되는 문제이기 때문에
충분히 해결할 수 있어요.

도전 문제

6 주어진 도형을 오른쪽으로 8 cm 밀었을 때의 모양을 그리고, 그 모양을 다시 왼쪽으로 4 cm 밀었을 때의 모양을 그려 보세요.

1cm

7 그림을 보고 도형의 이동 방법을 설명해 보세요.

1cm
1cm

설명

부서진 체스판

'정복왕'이라고 불리던 잉글랜드 국왕 윌리엄 1세의 아들과 프랑스 왕위에 오를 왕자가 체스 경기를 즐기고 있었다.

'거친 바다를 건너 잉글랜드를 정복한 윌리엄 1세의 아들답게 프랑스 왕자의 코를 납작하게 만들고 말겠어.'

'나도 질 수 없지. 위대한 프랑스의 명예를 걸고 반드시 이기고 말리라.'

손에 땀을 쥐게 했던 경기의 승리는 윌리엄 1세의 아들에게 돌아갔다.

"하하하. 그 정도 실력으로 나를 이기려 들다니, 어림도 없지."

경기에 진 프랑스 왕자는 화가 머리끝까지 나서 윌리엄 1세의 아들에게 체스판을 던져 버리고 말았다.

"'눈에는 눈, 이에는 이'라고 했다. 감히 나에게 체스판을 던지다니, 나도 똑같이 갚아 주겠다."

윌리엄 1세의 아들도 지지 않고 프랑스 왕자의 머리를 체스판으로 내려쳤다. 둘의 다툼으로 정사각형 모양 체스판은 모두 여덟 조각으로 ㉠산산조각이 나고 말았다.

* 잉글랜드: 영국의 중남부를 차지하는 지방
* 체스: 장기와 유사한 서양 놀이

수학 문해력 기르기

설명문, 논설문, 신문 기사,
동화, 만화 등 다양한 분야의
읽을거리를 읽어 보세요.
긴 문장을 읽고 문제의 핵심을
파악하는 능력을 기를 수 있어요.

1 밑줄 친 ㉠을 대신해서 쓸 수 없는 말은? (   )

① 산산이 부서지고   ② 조각조각 깨지고   ③ 감기고
④ 갈라지고   ⑤ 갈기갈기 흩어지고

2 이 글의 내용으로 미루어 볼 때, '눈에는 눈, 이에는 이'의 뜻으로 알맞은 것은? (   )

① 얕은 수로 남을 속이려 한다.
② 손해를 입은 만큼 앙갚음한다.
③ 눈을 멀쩡히 뜨고 있어도 코를 베어 갈 만큼 인심이 고약하다.
④ 남에게 악한 짓을 하면 자기는 그보다 더한 벌을 받게 된다.
⑤ 손해를 입은 자리에서는 아무 말도 못 하고 뒤에 가서 불평한다.

3 체스판을 정사각형 모양으로 되돌리려고 합니다. 도형 ㉮~㉱의 이동 방법을 설명해 보세요.

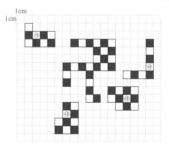

도형 ㉮를 _____

도형 ㉯를 _____

도형 ㉰를 _____

도형 ㉱를 _____

읽을거리 안에는 앞서 배운
개념을 묻는 문제가 있어요.
문제를 푸는 과정에서
어휘력과 독해력을 키우고,
읽을거리에 담겨 있는 지식과
정보도 얻을 수 있답니다.
수학 개념과 읽기 능력,
두 마리 토끼를 잡아 보세요.

박학다식 문해력 수학  초등 4-1단계

• 1000이 10개인 수를 10000 또는 1만이라 쓰고, 만 또는 일만이라고 읽습니다.

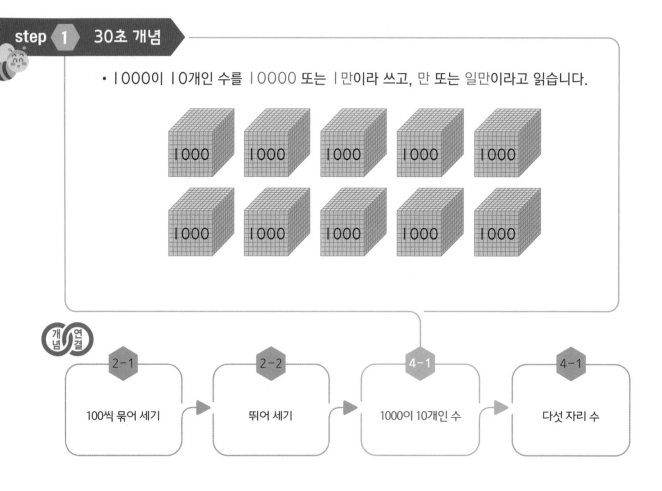

2-1	2-2	4-1	4-1
100씩 묶어 세기	뛰어 세기	1000이 10개인 수	다섯 자리 수

step 2 설명하기

질문 ❶ □ 안에 알맞은 수를 써넣어 10000이 얼마만큼의 수인지 알아보세요.

10000은
┌ 9000보다 [   ] 큰 수
├ 9900보다 [   ] 큰 수
├ 9990보다 [   ] 큰 수
└ 9999보다 [   ] 큰 수

설명하기

10000은
┌ 9000보다 [1000] 큰 수
├ 9900보다 [100] 큰 수
├ 9990보다 [10] 큰 수
└ 9999보다 [1] 큰 수

질문 ❷ 규칙에 따라 빈칸에 알맞은 수를 써넣으세요.

| 9995 | 9996 | 9997 | | 9999 | |

| 5000 | 6000 | 7000 | | 9000 | |

설명하기 9995부터 1씩 커지는 규칙(뛰어 세기)으로 10000을 만들 수 있습니다.

| 9995 | 9996 | 9997 | 9998 | 9999 | 10000 |

5000부터 1000씩 커지는 규칙으로 10000을 만들 수 있습니다.

| 5000 | 6000 | 7000 | 8000 | 9000 | 10000 |

1 그림이 나타내는 수를 쓰고 읽어 보세요.

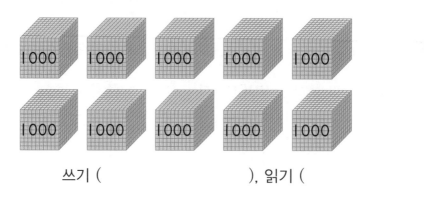

쓰기 (   ), 읽기 (   )

2 10000만큼 색칠해 보세요.

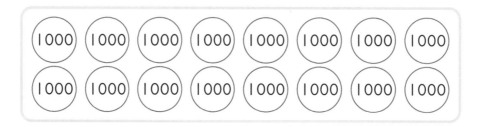

3 10000원이 되려면 각각의 돈이 얼마만큼 필요한지 선으로 이어 보세요.

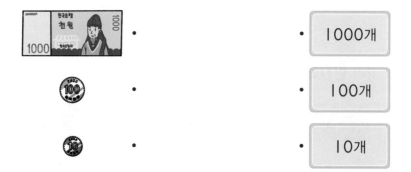

                            1000개

                            100개

                            10개

4 규칙에 따라 빈 곳에 알맞은 수를 써넣으세요.

(1) 9950 — [   ] — 9970 — 9980 — [   ] — 10000

(2) 9500 — 9600 — [   ] — 9800 — [   ] — 10000

(3) 6000 — 7000 — [   ] — [   ] — 10000

5 ☐ 안에 알맞은 수를 써넣으세요.

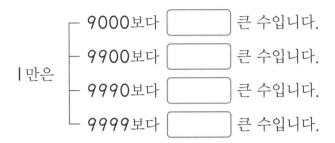

1만은 ┌─ 9000보다 ☐ 큰 수입니다.
├─ 9900보다 ☐ 큰 수입니다.
├─ 9990보다 ☐ 큰 수입니다.
└─ 9999보다 ☐ 큰 수입니다.

6 10000을 <u>잘못</u> 설명한 사람은 누구인지 이름을 써 보세요.

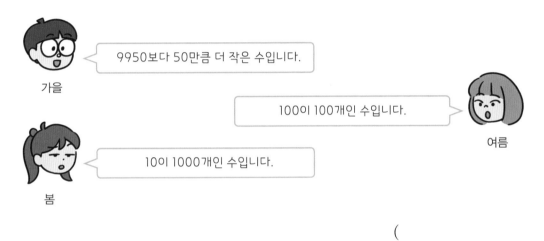

가을: 9950보다 50만큼 더 작은 수입니다.

여름: 100이 100개인 수입니다.

봄: 10이 1000개인 수입니다.

(   )

step **4** 도전 문제

7 어느 카페의 메뉴판입니다. 과일주스 가격이 오른쪽과 같을 때 포도주스 3잔과 딸기주스 1잔을 주문하려면 얼마를 내야 하는지 구해 보세요.

(   )

과일주스 메뉴판

포도주스 2000원   파인애플주스 2500원   키위주스 3000원

블루베리주스 3500원   딸기주스 4000원   오렌지주스 3000원

어머니의 가르침

먼 옛날 중국의 전직이라는 사람이 높은 벼슬[*]에 올랐다. 얼마 지나지 않아 전직의 아랫사람이 전직에게 엄청난 양의 뇌물[*]을 바쳤다.

"나으리, 높은 벼슬에 오른 것을 축하드리며 ㉠한 상자에 1000냥씩 10상자를 바치겠습니다."

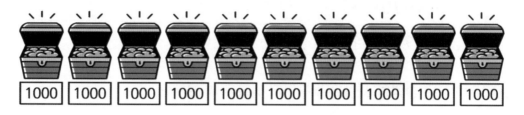

갑자기 큰돈이 생긴 전직은 홀로 자신을 키운 어머니를 떠올렸다.

"평생 나를 키우느라 고생만 하신 어머니께 가져다 드려야겠다."

전직은 기뻐할 어머니의 얼굴을 상상하며 돈이 든 상자를 가지고 갔다. 그러나 어머니는 기뻐하기는커녕 크게 호통을 쳤다.

"어찌 이리 어리석은 짓을 하느냐? 옳지 않은 방법으로 얻은 재물은 절대 내 것이 될 수 없음을 모른단 말이냐?"

그러자 전직은 억울해하며 대답했다.

"어머니, 저처럼 높은 벼슬에 오른 관리들은 이 정도 돈을 흔히 받습니다."

그러나 어머니는 더욱 목청 높여 아들을 혼냈다.

"내가 아들을 잘못 키웠구나. 당장 돈을 돌려주고 임금님께 잘못을 빌어라. 그러지 않으면 다시는 너를 보지 않겠다."

결국 전직은 뇌물을 다시 돌려주고, 임금에게 자신의 죄를 고백했다. 전직의 고백을 들은 임금은 전직의 어머니의 말과 행동에 깊은 감동을 받았다.

"아들이 맑고 검소하게 살아가도록 가르치는 훌륭한 어머니로구나."

임금에게 죄를 용서받은 전직은 어머니의 가르침대로 평생 청렴결백하게 살았다. 사람들은

"[(가)   ]"이라며 입을 모아 칭찬했다.

＊**벼슬**: 관아에서 나랏일을 맡아 다스리는 자리
＊**뇌물**: 어떤 직위에 있는 사람의 마음을 사서 이용하기 위해 건네는 옳지 못한 돈이나 물건

1 다음 한자 뜻을 참고하여 '청렴결백'의 뜻풀이를 완성해 보세요.

清		廉		潔		白	
뜻	음	뜻	음	뜻	음	뜻	음
맑을	청	검소할	렴	깨끗할	결	흰	백

'청렴결백'은 '마음이나 행동이 맑고 ☐☐하며 ☐☐하고 순수하다'라는 뜻이다.

2 다음 중 (가)에 알맞은 속담은? (   )

① 한 어미 자식도 아롱이다롱이
② 흉년에 어미는 굶어 죽고 아이는 배 터져 죽는다.
③ 그 어미에 그 아들
④ 무자식이 상팔자
⑤ 남의 열 아들 부럽지 않다.

3 전직의 아랫사람이 전직에게 바친 뇌물은 모두 몇 냥인지 구해 보세요.

(   )

4 밑줄 친 ㉠ 대신 쓸 수 있는 표현은? (   )

① 9000냥보다 100냥만큼 더 많은 돈
② 9900냥보다 100냥만큼 더 많은 돈
③ 9990냥보다 10냥만큼 더 적은 돈
④ 9999보다 1냥만큼 더 적은 돈
⑤ 9800냥보다 200냥만큼 더 적은 돈

5 전직이 뇌물을 다시 돌려주려고 합니다. 7000냥을 돌려주었을 때 몇 냥을 더 돌려주면 10000냥이 되는지 풀이 과정을 쓰고 답을 구해 보세요.

풀이 과정 _____

_____

답 _____

02 큰 수

• 다섯 자리 수

step 1 · 30초 개념

• 다섯 자리 수를 쓰고 읽는 방법은 다음과 같습니다.

> 10000이 2개, 1000이 4개, 100이 3개, 10이 8개, 1이 7개
> 인 수를 24387이라 쓰고, 이만 사천삼백팔십칠이라고 읽습니다.

(쓰기) 24387

(읽기) 이만 사천삼백팔십칠

24387 = 20000 + 4000 + 300 + 80 + 7   각 자리의 숫자가 나타내는 값의 합

개념연결

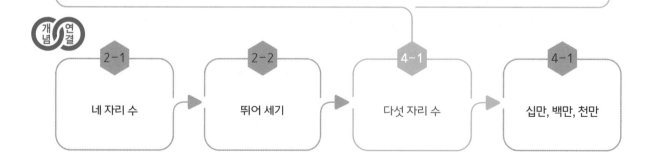

2-1	2-2	4-1	4-1
네 자리 수	뛰어 세기	다섯 자리 수	십만, 백만, 천만

질문 ❶ 53174에서 각 자리의 숫자 5, 3, 1, 7, 4는 각각 어떤 값을 나타내는지 설명해 보세요.

설명하기 53174에서 각 자리의 숫자 5, 3, 1, 7, 4는 각각 다음과 같은 값을 나타냅니다.

만의 자리	천의 자리	백의 자리	십의 자리	일의 자리
5	3	1	7	4
50000	3000	100	70	4

$$53174 = \boxed{50000} + 3000 + \boxed{100} + 70 + 4$$

질문 ❷ 5장의 수 카드 0 , 2 , 6 , 7 , 9 를 한 번씩만 사용하여 가장 큰 다섯 자리 수를 만들어 보세요.

설명하기 가장 큰 수이므로 만의 자리에 가장 큰 수 9가 와야 합니다.
천의 자리에는 남은 4개의 수 카드 중 가장 큰 수 7이 올 수 있고, 백의 자리에는 남은 3개의 수 카드 중 가장 큰 수 6, 십의 자리에는 남은 2개의 수 카드 중 큰 수 2, 그리고 일의 자리에는 남은 수 카드 0이 올 수 있습니다.
➡ 따라서 5장의 수 카드를 한 번씩만 사용하여 만들 수 있는 가장 큰 다섯 자리 수는 97620이고, 구만 칠천육백이십이라고 읽습니다.

1 빈칸에 알맞은 수를 써넣으세요.

	만의 자리	천의 자리	백의 자리	십의 자리	일의 자리
숫자	5	2	8	1	7
수		2000		10	7

2 빈칸에 알맞은 수나 말을 써넣으세요.

23579	이만 삼천오백칠십구
39564	
	오만 사천이백칠십삼
68013	
	팔만 구백사십칠

3 ☐ 안에 알맞은 수를 써넣으세요.

만의 자리	천의 자리	백의 자리	십의 자리	일의 자리
6	4	5	3	9

$$64539 = \boxed{} + 4000 + \boxed{} + 30 + 9$$

4 보기 와 같이 주어진 수를 각 자리의 숫자가 나타내는 값의 합으로 나타내어 보세요.

보기

$$58312 = 50000 + 8000 + 300 + 10 + 2$$

(1) $54308 = \boxed{} + \boxed{} + \boxed{} + \boxed{}$

(2) $91240 = \boxed{} + \boxed{} + \boxed{} + \boxed{}$

5 수 카드를 모두 한 번씩만 사용하여 가장 큰 다섯 자리 수를 만들어 쓰고 읽어 보세요.

| 0 | 3 | 5 | 6 | 8 |

쓰기 _____   읽기 _____

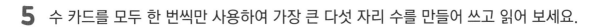

step **4** 도전 문제

6 가을이와 봄이가 설명하는 수를 구해 보세요.

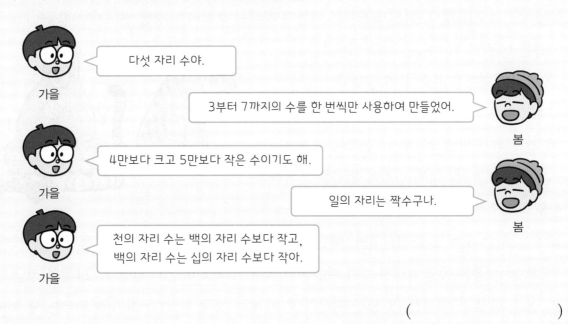

가을
다섯 자리 수야.

봄
3부터 7까지의 수를 한 번씩만 사용하여 만들었어.

가을
4만보다 크고 5만보다 작은 수이기도 해.

봄
일의 자리는 짝수구나.

가을
천의 자리 수는 백의 자리 수보다 작고, 백의 자리 수는 십의 자리 수보다 작아.

(   )

7 저금통에 50000원짜리 지폐 1장, 10000짜리 지폐 2장, 1000원짜리 지폐 14장, 100원짜리 동전 5개가 들어 있다면, 저금통에 들어 있는 돈은 모두 얼마일까요?

(   )

100리를 가는 사람은 90리가 반이다

하늘을 다스리는 신의 아들인 환웅은 늘 인간 세상을 굽어보았다.* 그러다 마침내 바람의 신, 비의 신, 구름의 신을 거느리고 태백산으로 내려와 신단수라는 나무 아래 도시를 세웠다.

어느 날, 곰과 호랑이가 환웅을 찾아왔다.

"환웅 님, 저희도 인간이 되고 싶습니다. 인간이 될 수 있는 방법을 알려 주십시오."

곰과 호랑이를 안타깝게 여긴 환웅은 한참을 고민한 끝에 대답했다.

"좋다. 100일 동안 쑥과 마늘만 먹으며 햇빛을 보지 않고 동굴 속에만 있으면 인간이 될 수 있다. 하지만 쉽지 않을 텐데 견딜 수 있겠느냐?"

"네, 인간이 될 수만 있다면 그 정도는 얼마든지 참을 수 있습니다."

곰과 호랑이는 뛸 듯이 기뻐하여 당장 동굴로 향했다. 그리고 인간이 되길 기도하며 쑥과 마늘을 먹기 시작했다. 하루가 지나고 이틀이 지나자 호랑이는 점점 견디기가 힘들었다.

"쑥은 너무 쓰고, 마늘은 너무 매워."

호랑이의 불평을 들은 곰이 말했다.

"100리를 가는 사람은 90리가 반이야.

인간이 되기 위해 조금만 더 참고 견뎌 보자."

그러나 호랑이는 결국 인간이 되기를 포기하고 동굴 밖으로 뛰쳐나가고 말았다.

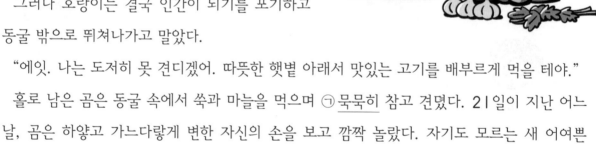

"에잇. 나는 도저히 못 견디겠어. 따뜻한 햇볕 아래서 맛있는 고기를 배부르게 먹을 테야."

홀로 남은 곰은 동굴 속에서 쑥과 마늘을 먹으며 ㉠묵묵히 참고 견뎠다. 21일이 지난 어느날, 곰은 하얗고 가느다랗게 변한 자신의 손을 보고 깜짝 놀랐다. 자기도 모르는 새 어여쁜 여인으로 변한 것이었다.

"드디어 사람이 되었구나."

사람들은 여인이 된 곰을 웅녀라고 불렀다. 이후 웅녀는 환웅과 결혼해 건강한 사내아이를 낳았는데, 이 아이가 바로 단군왕검이다. 단군왕검은 훗날 우리 민족 최초의 나라인 고조선을 세웠다.

＊**굽어보다**: 높은 위치에서 고개나 허리를 굽혀 아래를 내려다보다.

1 다음 중 밑줄 친 ㉠과 바꿔 쓸 수 <u>없는</u> 표현은? (   )

① 말없이   ② 가만히   ③ 잠자코
④ 잠잠하게   ⑤ 떠들썩하게

2 다음 중 '100리를 가는 사람은 90리가 반이다.'와 반대되는 뜻을 가진 속담으로 가장 알맞은 것에 ○표 해 보세요.

시작이 반이다.	구슬이 서 말이라도 꿰어야 보배다.	궁지에 빠진 쥐가 고양이를 문다.
( )	( )	( )

3 100리는 약 39272 m입니다. 39272에서 각 자리의 숫자는 각각 얼마를 나타내는지 빈칸에 알맞은 수를 써넣으세요.

	만의 자리	천의 자리	백의 자리	십의 자리	일의 자리
숫자	3	9	2	7	2
수					

4 90리는 약 35345 m입니다. 35345를 <u>잘못</u> 설명한 사람은 누구인지 이름을 써 보세요.

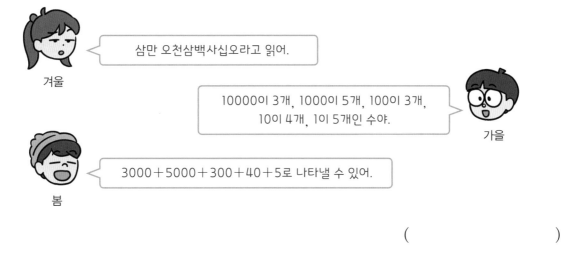

겨울: 삼만 오천삼백사십오라고 읽어.

가을: 10000이 3개, 1000이 5개, 100이 3개, 10이 4개, 1이 5개인 수야.

봄: 3000＋5000＋300＋40＋5로 나타낼 수 있어.

(   )

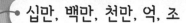
십만, 백만, 천만, 억, 조

step **1** 30초 개념

			쓰기		읽기
	10개이면 ➡		100000	10만	십만
• 10000이	100개이면 ➡		1000000	100만	백만
	1000개이면 ➡		10000000	1000만	천만

• 1000만이 10개인 수를 100000000 또는 1억이라 쓰고, 억 또는 일억이라고 읽습니다.

• 1000억이 10개인 수를 1000000000000 또는 1조라 쓰고, 조 또는 일조라고 읽습니다.

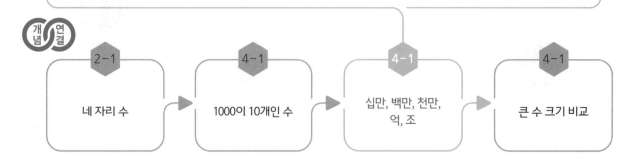

개념 연결

2-1	4-1	4-1	4-1
네 자리 수	1000이 10개인 수	십만, 백만, 천만, 억, 조	큰 수 크기 비교

step 2 설명하기

질문 ❶   52940000을 읽어 보세요.

설명하기   52940000은 10000이 5294개인 수입니다. 그러므로 52940000은 5294만이라고도 씁니다.
읽는 방법은 5294를 먼저 '오천이백구십사'라고 읽고 여기에 '만'을 붙여서 '오천이백구십사만'이라고 읽습니다.

질문 ❷   862400000000의 각 자리의 숫자 8, 6, 2, 4는 각각 얼마를 나타내는지 알아보고 자릿값의 합으로 나타내어 보세요.

8	6	2	4	0	0	0	0	0	0	0	0
천	백	십	일	천	백	십	일	천	백	십	일
			억				만				

설명하기   • 862400000000에서
숫자 8은 천억 자리의 수로 800000000000을 나타냅니다.
• 862400000000에서
숫자 6은 백억 자리의 수로 60000000000을 나타냅니다.
• 862400000000에서
숫자 2는 십억 자리의 수로 2000000000을 나타냅니다.
• 862400000000에서
숫자 4는 일억 자리의 수로 400000000을 나타냅니다.
➡ 862400000000
=800000000000+60000000000+2000000000+400000000

1 수를 쓰고 읽어 보세요.

(1) 만이 8269개인 수

쓰기 _____

읽기 _____

(2) 조가 4705개인 수

쓰기 _____

읽기 _____

2 다음을 수로 나타내어 보세요.

(1) 1000만이 4개, 10만이 9개인 수

( )

(2) 1000억이 2개, 100억이 5개, 10억이 6개, 1억이 3개인 수

( )

3 밑줄 친 숫자는 얼마를 나타낼까요?

149203907

( )

4 천억의 자리 숫자가 다른 것을 찾아 기호를 써 보세요.

㉠ 83163283740000
㉡ 2192728294000
㉢ 421043023500323
㉣ 92184302390243

( )

5 육백사십억 팔백만 삼천구십칠을 11자리 수로 쓸 때, 0은 모두 몇 개인지 구해 보세요.

( )

6 겨울이와 여름이가 기사를 읽고 나눈 대화입니다. 기사의 내용을 잘못 말한 사람의 이름을 써 보세요.

비아 어린이 신문

저출산의 영향으로 우리나라 전체 학생 수가 꾸준히 줄어들고 있다.

2020년 4월 27일 통계청이 발표한 '2020 청소년 통계'에 따르면 2020년 청소년 인구는 8542000명이었으며 약 40년 후인 2060년에는 4458000명으로 줄어들 것으로 전망된다.

2020년 우리나라 청소년 인구는 팔천오백사십만 명이야.

겨울

2060년 우리나라 청소년 인구는 만이 445개, 일이 8000개인 수일 거야.

여름

(   )

step 4 도전 문제

[7~8] 다음 수를 보고 물음에 답하세요.

| ㉠ 942813290 | ㉡ 63184720 | ㉢ 27483 |
| ㉣ 10834 | ㉤ 38709241755 | |

7 숫자 8이 80000을 나타내는 수를 찾아 기호를 써 보세요.

(   )

8 숫자 4가 나타내는 값이 가장 큰 수를 찾아 기호를 써 보세요.

(   )

『지구의 역사 여행』을 읽고

지난 주말, 마을 도서관에서 『지구의 역사 여행』이라는 책을 읽었다. 지구가 어떻게 생겨났고, 인간이 언제부터 지구에 살게 되었는지 궁금했다.

지금으로부터 ㉠ <u>1</u>3000000000년 전, 우주에서 아주 큰 폭발이 일어났다. 이때 먼지와 가스가 엄청나게 발생했는데, 이 먼지와 가스가 한데[*] 엉켜[*] 덩어리가 되면서 바로 우리가 사는 지구를 비롯한 행성들이 생겨났다고 한다.

▲ 우주에서 본 지구

㉡ <u>4</u>600000000년 전, 뜨거운 마그마로 덮여 있던 지구가 식기 시작하자 하늘을 뒤덮은 구름에서 비가 내렸다. 펄펄 끓던 마그마가 식기 시작하면서 수백만 년 동안 끊임없이 비가 내리자 바다가 생겨났다.

바다가 생겨나자 최초의 생물이 만들어졌다. ㉢ <u>2</u>20000000년 전, 포유류가 처음으로 등장했고, ㉣ <u>4</u>400000년 전, 최초로 두 발로 걷는 인간이 나타났다. 인간도 처음에는 네 다리로 기어다니는 동물이나 다름없었다고 한다. 오늘날의 사람과 가장 비슷한 호모 사피엔스가 나타난 것은 200000년 전이다. '지혜로운 사람'이라는 뜻을 가진 호모 사피엔스는 돌을 깨뜨려 만든 도구로 사냥을 할 수 있었을 뿐만 아니라 자신이 살던 동굴 벽에 그림을 그리기도 했다고 한다.

이 책을 읽고 나는 지구가 탄생하여 인간이 등장하기까지의 과정을 알게 되었다. 지구에 다양한 생물들이 살게 되기까지 얼마나 긴 시간이 걸렸는지 알고 나니 주변 생물들이 새삼 다르게 보였다. 그동안 작은 생물들을 징그럽다며 함부로 해치지는 않았는지 반성했다. 지구에서 나와 함께 살아가는 모든 생물을 존중하고[*] 소중히 여기는 마음을 가져야겠다.

＊**한데**: 한곳이나 한군데
＊**엉키다**: 실이나 줄 따위가 풀기 힘들 정도로 서로 얽히게 되다.
＊**존중하다**: 높이어 귀중하게 대하다.

1 이 글의 목적은? (   )

① 지식이나 정보를 전달하기 위해서

② 그날 있었던 일 중에서 인상 깊었던 일에 대한 생각이나 느낌을 남기기 위해서

③ 안부나 소식을 알리기 위해서

④ 자신의 생각이나 주장을 밝히기 위해서

⑤ 책을 읽고 나서 새롭게 알게 된 것이나 가장 기억에 남는 장면, 느낌 같은 것을 밝히기 위해서

2 글쓴이가 이 책을 읽은 까닭은? (   )

① 지구가 생겨난 과정과 인간이 지구에 나타난 시기가 궁금해서

② 지구에서 발생했던 큰 폭발에 대한 정보를 찾아보려고

③ 지구에 가장 먼저 생겨난 생물이 무엇인지 알아보려고

④ 호모 사피엔스의 뜻이 궁금해서

⑤ 작은 생물들을 함부로 해쳤던 일이 부끄러워서

3 이 책의 내용에 대한 설명으로 옳지 <u>않은</u> 것을 모두 고르세요. (   )

① 십삼억 년 전 우주에서 일어난 폭발로 발생한 먼지와 가스로부터 지구가 생겨났다.

② 사십육억 년 전 지구가 식으면서 오랫동안 비가 내려서 바다가 생겼다.

③ 두 발로 걷는 인간은 사백사십만 년 전에 처음으로 나타났다.

④ 이백만 년 전에 나타난 호모 사피엔스는 사냥을 하거나 그림을 그릴 수 있었다.

⑤ 이 책을 읽으면 인간이 과학 기술을 발전시켜 온 과정을 알 수 있다.

4 ㉠~㉣ 중 밑줄 친 숫자가 나타내는 값이 가장 큰 수의 기호를 써 보세요.

(   )

5 ㉠~㉣을 보기 와 같이 나타내어 보세요.

> 보기
>
> 123456789123 4567 ➡ 1234조 5678억 9123만 4567

㉠ (   )　　㉡ (   )

㉢ (   )　　㉣ (   )

04 큰 수

큰 수 크기 비교

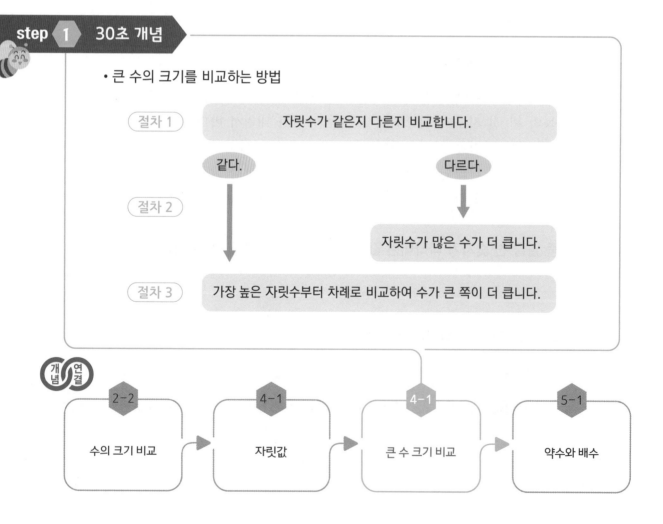

step 1 · 30초 개념

• 큰 수의 크기를 비교하는 방법

절차 1 : 자릿수가 같은지 다른지 비교합니다.

같다. 다르다.

절차 2 : 자릿수가 많은 수가 더 큽니다.

절차 3 : 가장 높은 자릿수부터 차례로 비교하여 수가 큰 쪽이 더 큽니다.

개념 연결

2-2	4-1	4-1	5-1
수의 크기 비교	자릿값	큰 수 크기 비교	약수와 배수

step 2 설명하기

질문 ❶ 빈칸에 알맞은 숫자를 써넣고, 1억 5859만과 7364만의 크기를 비교해 보세요.

	억	천만	백만	십만	만	천	백	십	일
1억 5859만 ➡		5		5		0	0	0	0
7364만 ➡			3		4	0	0	0	0

설명하기

	억	천만	백만	십만	만	천	백	십	일
1억 5859만 ➡	1	5	8	5	9	0	0	0	0
7364만 ➡		7	3	6	4	0	0	0	0

1억 5859만은 억의 자릿수(9자리 수)이고 7364만은 천만의 자릿수(8자리 수)이므로 자릿수가 많은 1억 5859만이 더 큽니다.

질문 ❷ 빈칸에 알맞은 숫자를 써넣고, 9636만과 9252만의 크기를 비교해 보세요.

	천만	백만	십만	만	천	백	십	일
9636만 ➡				6	0	0	0	0
9252만 ➡		2	5		0	0	0	0

설명하기

	천만	백만	십만	만	천	백	십	일
9636만 ➡	9	6	3	6	0	0	0	0
9252만 ➡	9	2	5	2	0	0	0	0

9636만과 9252만은 둘 다 8자리 수이고, 천만의 자리의 수가 9로 같지만, 백만의 자리의 수가 9636만은 6, 9252만은 2이므로 9636만이 더 큽니다.

1 ☐ 안에 알맞은 수를 쓰고, 두 수의 크기를 비교하여 ◯ 안에 >, =, <를 알맞게 써넣으세요.

(1)

5	0	0	0	0	0	0	0
	3	0	0	0	0	0	0
		7	0	0	0	0	0
			4	0	0	0	0

6	0	0	0	0	0	0
	1	0	0	0	0	0
		9	0	0	0	0
			8	0	0	0

↓ ↓

[   ] ◯ [   ]

(2)

4	0	0	0	0	0	0
	3	0	0	0	0	0
		2	0	0	0	0
			4	0	0	0

4	0	0	0	0	0	0
	3	0	0	0	0	0
		8	0	0	0	0
			2	0	0	0

↓ ↓

[   ] ◯ [   ]

2 두 수의 크기를 비교하여 ◯ 안에 >, =, <를 알맞게 써넣으세요.

(1) 542636895 ◯ 84636895

(2) 728만 6539 ◯ 7302만 6923

3 더 큰 수를 들고 있는 사람의 이름을 써 보세요.

봄 〔24536823900〕 여름 〔20455085360〕

(   )

4 더 작은 수를 찾아 기호를 써 보세요.

> ㉠ 삼백사십오조 오천육백구십삼만
> ㉡ 조가 342개, 억이 3949개인 수

(   )

5 가장 큰 수에 ○표, 가장 작은 수에 △표 해 보세요.

> 8231372000   901386200   8274352100

step 4 도전 문제

6 0부터 9까지의 수 중에서 ☐ 안에 들어갈 수 있는 수를 모두 써 보세요.

> 756932 > 75☐986

(   )

7 통계청에서 2020년에 조사한 세계 여러 나라의 자동차 수입니다. 자동차가 많은 나라부터 차례로 이름을 써 보세요.

일본	중국	미국	독일

78221000대	273390000대	289037000대	52275833대

(   )

태양 둘레에는 수많은 천체가 있다. 수성, 금성, 지구, 화성, 목성, 토성, 천왕성, 해왕성이라는 8개의 행성이 태양의 둘레를 돌고 있고, 각 행성의 둘레를 도는 위성도 수없이 많다. 또한 행성보다는 작지만 수십만 개가 넘는 소행성도 태양의 둘레를

▲ 태양계

돌고 있으며, 긴 꼬리를 끌고 다니며 태양을 향해 가까이 다가왔다가 다시 멀어지는 혜성도 있다. 이처럼 태양의 영향을 받는 천체들을 통틀어 태양계라고 한다.

태양의 지름은 1392000 km로 지구 109개를 늘어놓은 것과 같다. 이에 비해 행성은 그 크기가 매우 작다. 태양이 수박과 비슷한 크기라고 한다면 목성과 토성은 자두와 비슷하고, 천왕성과 해왕성은 포도, 지구와 금성은 쌀알, 화성과 수성은 깨와 비슷하다.

또 태양과 각 행성은 상상하기 어려울 정도로 매우 멀리 떨어져 있다. 태양에서 지구까지는 빛으로도 8분이 넘는 시간 동안 달려야 도착할 수 있다.

행성	태양과 행성 사이의 거리(km)	행성	태양과 행성 사이의 거리(km)
수성	57900000	목성	778300000
화성	228000000	해왕성	4497000000
지구	149600000	토성	1427000000
금성	108200000	천왕성	2900000000

태양계 행성은 비슷한 특징을 가진 것끼리 묶어서 지구형 행성과 목성형 행성으로 나눌 수 있다. 지구형 행성으로는 수성, 금성, 지구, 화성이 있고, 목성형 행성으로는 목성, 토성, 천왕성, 해왕성이 있다.

어마어마한 크기의 태양계도 우주에서는 작은 점에 지나지 않는다. 태양도 우주의 수많은 별 중에서는 중간 정도 크기의 별에 불과하고, 우리 은하에만도 태양과 같은 크기의 별이 100000000000개 넘게 존재한다.

＊**천체**: 우주에 존재하는 모든 물체
＊**통틀다**: 있는 대로 모두 한데 묶다.

1 무엇에 관한 글인지 빈칸에 알맞은 말을 써넣으세요.

☐☐☐

2 다음 중 태양계에 대한 설명으로 옳은 것은? (   )

① 태양의 둘레를 도는 소행성은 모두 **8**개이다.
② 태양의 영향을 받는 행성들을 통틀어 태양계라고 한다.
③ 태양의 크기와 목성의 크기는 비슷하다.
④ 태양계 행성은 지구형 행성과 목성형 행성으로 이루어져 있다.
⑤ 태양은 우리 은하에서 가장 큰 별이다.

3 지구형 행성 중 태양에서 가장 가까운 행성을 찾아 써 보세요.

(   )

4 목성형 행성 중 태양에서 가장 먼 행성을 찾아 써 보세요.

(   )

5 태양계 행성들을 태양과의 거리가 가까운 것부터 순서대로 써 보세요.

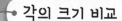
각의 크기 비교

step 1 30초 개념

- 각끼리 직접 맞대어 크기를 비교할 수 있습니다.

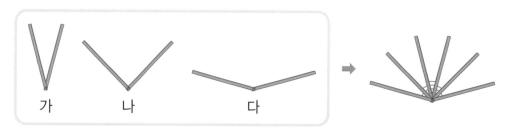

응원 부채를 직접 맞대면 크기를 비교할 수 있습니다.
직접 맞대어 비교했더니 **다**의 각의 크기가 가장 크고, **가**의 각의 크기가 가장 작습니다.
부채를 옮겨서 겹칠 때는 각이 변하지 않게 주의해야 합니다.

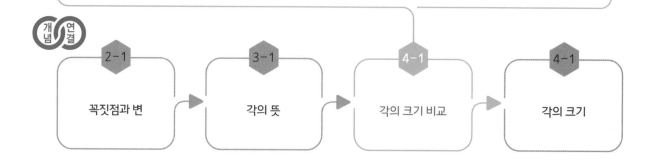

step 2 설명하기

질문 ❶ 세 친구가 들고 있는 응원 부채의 벌어진 정도를 보고 세 각도의 크기를 비교해 보세요.

겨울   봄   여름

설명하기 세 친구 중 겨울이가 들고 있는 부채의 각도가 가장 작고, 그다음 봄이가 들고 있는 부채, 그리고 여름이가 들고 있는 부채의 각도가 가장 큽니다.

질문 ❷ 왼쪽 각의 크기를 단위로 하여 두 각도 중 어느 것이 더 큰지 설명해 보세요.

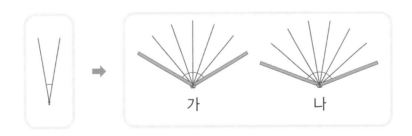

가   나

설명하기 왼쪽 각이 가에 6개, 나에 7개 있기 때문에 나의 각도가 더 큽니다.

1 부채가 벌어진 정도를 비교하여 알맞은 말에 ○표 해 보세요.

가   나

가는 나보다 각의 크기가 더 (큽니다 , 작습니다).

2 두 각 중 더 작은 각에 ○표 해 보세요.

(   )   (   )

3 각의 크기가 큰 것부터 순서대로 기호를 써 보세요.

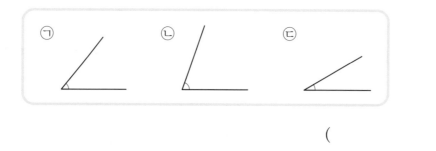

(   )

4 두 시계의 시곗바늘이 이루는 각의 크기가 더 작은 것을 찾아 기호를 써 보세요.

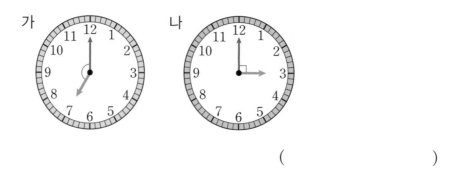

가   나

(   )

5 친구들이 두 팔을 벌려 만든 각의 크기를 바르게 비교한 것을 찾아 기호를 써 보세요.

겨울 　　　　 가을 　　　　 여름

> ㉠ 세 친구가 만든 각의 크기는 모두 같습니다.
> ㉡ 겨울이가 만든 각의 크기가 가장 작습니다.
> ㉢ 가을이가 만든 각의 크기가 가장 큽니다.

(　　　　　　　　　)

step 4 도전 문제

6 겨울이와 봄이 중에서 각의 크기에 대해 <u>잘못</u> 말한 사람은 누구인지 이름을 쓰고, 그 이유를 설명해 보세요.

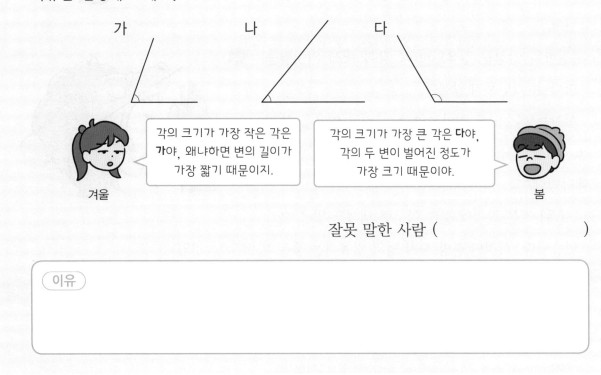

가　　　　　나　　　　　다

각의 크기가 가장 작은 각은 **가**야, 왜냐하면 변의 길이가 가장 짧기 때문이지.

각의 크기가 가장 큰 각은 **다**야, 각의 두 변이 벌어진 정도가 가장 크기 때문이야.

겨울　　　　　　　　　　봄

잘못 말한 사람 (　　　　　　　　　)

이유

현명한 여우

어느 숲속에 사자가 살고 있었다. 성격이 괴팍해서 사자가 호령할 때면 동물들이 두려움에 벌벌 떨었다. 어느 날 사자가 지나가는 토끼를 멈춰 세우고 물었다.

"이봐, 내 입에서 냄새가 나지 않느냐?"

토끼가 사자의 입안에 머리를 박고 이리저리 냄새를 맡아 본 다음 말했다.

"아주 고약한 냄새가 납니다."

"그래? 그렇다면 네가 다시는 내 입 냄새를 맡지 못하게 해 주마."

사자는 벌컥 화를 내며 토끼를 한입에 먹어 치웠다.

얼마 후 사자가 원숭이를 불러 똑같은 질문을 했다. 원숭이는 토끼가 사자의 입에서 냄새가 난다고 대답했다가 사자의 먹이가 된 일을 알고 있었다. 그래서 우물쭈물하다가 이렇게 대답했다.

"아니오. 사자 님의 입에서는 좋은 냄새가 날 뿐입니다."

"천하의 아첨꾼* 같으니라고! 감히 내게 거짓말을 하다니! 가만두지 않겠다."

사자는 원숭이도 잡아먹었다. 그리고 여우를 불러 또 같은 질문을 했다. 잠시 고민하던 여우는 이렇게 대답했다.

"콜록! 저는 감기에 걸려 아무런 냄새도 맡을 수가 없습니다. 하지만 분명 사자 님의 입에서는 좋은 냄새가 날 것입니다."

여우의 대답에 만족한 사자는 여우를 살려 주었다.

＊**아첨꾼**: 남의 마음에 들거나 잘 보이려고 알랑거리는 것을 잘하는 사람

1 이 이야기의 특징으로 알맞은 것은? (   )

① 실제로 일어난 일이다.
② 주인공이 보고 듣고 생각한 것을 바탕으로 쓴 것이다.
③ 글쓴이가 경험을 통해 얻은 교훈이 담겨 있다.
④ 글쓴이가 알려지지 않고 오래전부터 전해 내려오는 이야기이다.
⑤ 글쓴이의 생각과 느낌을 리듬이 느껴지는 짧은 말로 쓴 것이다.

2 여우가 감기에 걸려서 냄새를 맡을 수 없다고 말한 까닭을 써 보세요.

3 이 이야기에서 '맛이나 냄새가 비위에 거슬리게 나쁜'을 의미하는 말을 찾아 빈칸에 써 보세요.

☐☐한

4 이 이야기를 통해 얻을 수 있는 교훈으로 가장 적절한 속담은? (   )

① 호랑이도 제 말 하면 온다.
② 독 안에 든 쥐
③ 벼는 익을수록 고개를 숙인다.
④ 호랑이 없는 산골에서 토끼가 왕 노릇 한다.
⑤ 호랑이에게 물려 가도 정신만 차리면 산다.

5 사자가 입을 벌려 만든 각의 크기가 큰 것부터 순서대로 기호를 써 보세요.

(   )

- 각의 크기를 각도라고 합니다.
- 직각을 똑같이 90으로 나눈 것 중 하나를 ｜도라 하고, ｜°라고 씁니다. 직각은 90° 입니다.

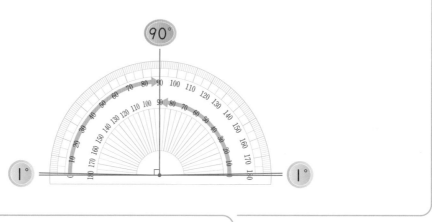

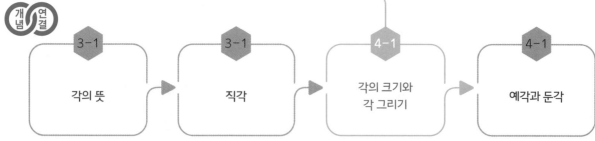

3-1	3-1	4-1	4-1
각의 뜻	직각	각의 크기와 각 그리기	예각과 둔각

step 2 설명하기

질문 ❶ 각도기를 이용하여 각의 크기를 재는 방법을 설명해 보세요.

설명하기

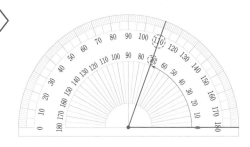

① 각도기의 중심을 각의 꼭짓점에 맞춥니다.
② 각도기의 밑금과 각의 한 변을 맞춥니다.
③ 각도기의 밑금과 만나는 각의 변에서 시작하여 각의 나머지 변과 만나는 각도기의 눈금을 읽으면 $70°$입니다.

질문 ❷ 각도기와 자를 이용하여 직각을 그리는 방법을 설명해 보세요.

설명하기

① 자를 이용하여 각의 한 변 ㄴㄷ을 그립니다.

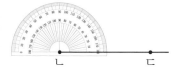

↓

② 각도기의 중심과 점 ㄴ을 맞추고, 각도기의 밑금과 각의 한 변인 ㄴㄷ을 맞춥니다.

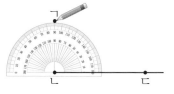

↓

③ 각도기의 밑금에서 시작하여 각도가 $90°$가 되는 눈금에 점 ㄱ을 표시합니다.

↓

④ 각도기를 떼고, 자를 이용하여 변 ㄱㄴ을 그어 각도가 $90°$인 각 ㄱㄴㄷ을 완성합니다.

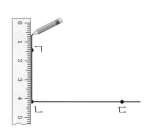

각도 **41**

1 각도를 구해 보세요.

(1)

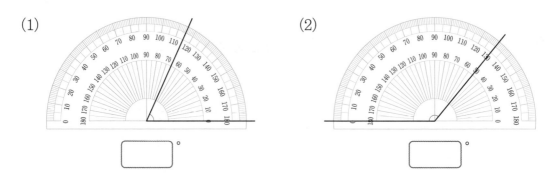

(2)

2 각도기를 이용하여 각도를 재어 보세요.

3 각도가 70°인 각 ㄱㄴㄷ을 그리는 방법을 나타낸 것입니다. 순서에 맞게 기호를 써 보세요.

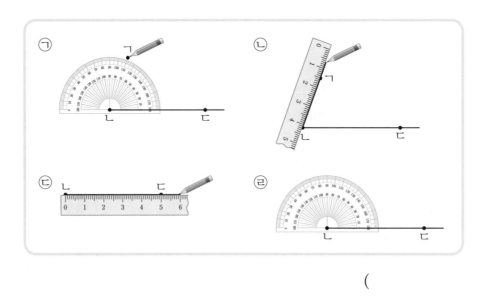

( )

4 자와 각도기를 이용하여 주어진 각을 그려 보세요.

37°	145°

step **4** 도전 문제

5 하늘이는 주어진 각도를 45°라고 잘못 읽었습니다. 하늘이가 각도를 잘못 읽은 이유를 써 보세요.

이유

6 ㉠, ㉡의 각도를 구해 보세요.

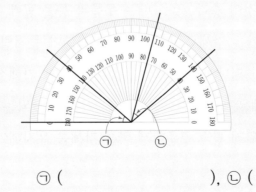

㉠ (   ), ㉡ (   )

척추는 목에서부터 엉덩이까지 이어진 뼈로서 우리 몸의 기둥 역할을 한다. 척추는 몸의 자세가 바르지 않으면 휘어지기도 하는데, 척추가 심하게 휘면 목과 어깨가 아프고, 척추에 밀린 장기*가 제 기능을 하지 못할 수 있다. 그러나 문제는 알면서도 잘못된 자세를 고치지 못하는 사람이 많다는 것이다.

척추의 휜 각도가 10°에서 20° 사이인 경우라면 규칙적인 운동을 하면서 치료할 수 있다. 하지만 척추의 휜 각도가 20°에서 40° 사이라면 자세 교정기를 착용해야 하고, 40°에서 50° 사이일 때는 수술을 받아야 할 수 있다. 특히 어린이의 척추가 50°보다 크게 휘어진 상태라면, 이때는 어른이 되어서도 계속해서 휠 수 있기 때문에 수술이 꼭 필요하다.

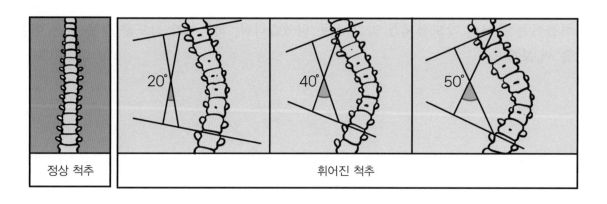

정상 척추	휘어진 척추

바른 자세를 유지하기 위해서는 서 있을 때 한쪽 다리에만 체중을 싣는 자세를 피하고, 귀, 어깨, 무릎이 일직선인 상태에서 바닥과 90°를 유지하도록 한다. 앉을 때는 허리 등받이에 밀착하여 등과 허리를 펴고 의자 안쪽까지 깊숙이 앉는다. 이때 구부린 무릎의 각도는 90°를 유지하는 것이 좋다. 앉아서 공부할 때는 절대 다리를 꼬지 말고, 침대나 소파에 누워 책을 읽는 자세도 피하는 것이 좋다. 걸을 때는 무릎과 등을 곧게 펴고, 다리와 두 무릎이 스칠 정도로 거의 일자에 가까운 자세로 움직인다. 또 거북이 등처럼 구부린 자세로 걸으면 무릎이 구부러져서 걷는 동안 지나치게 큰 힘과 무게가 무릎에 가해질 것이다.

척추는 서서히 휘기 때문에 상당히 휘어진 다음에야 발견되는 것이 보통이다. 따라서 척추가 휘는 것을 예방하기 위해 평소 꾸준하게 바른 자세를 유지해야* 할 것이다.

＊**장기**: 몸속의 여러 가지 기관
＊**유지하다**: 어떤 상태나 상황을 변함없이 계속해서 버티다.

1 이 글에서 주장하는 내용은 무엇인지 빈칸에 알맞은 말을 써넣으세요.

☐☐☐☐로 앉아야 한다.

2 바르게 앉아야 하는 까닭은 무엇인지 빈칸에 알맞은 말을 써넣으세요.

☐☐가 휘면 ☐과 ☐☐가 아프고 ☐☐가 본래 역할을 하지 못할 수도 있기 때문이다.

3 바른 자세에 ○표, 바르지 않은 자세에 ✕표 해 보세요.

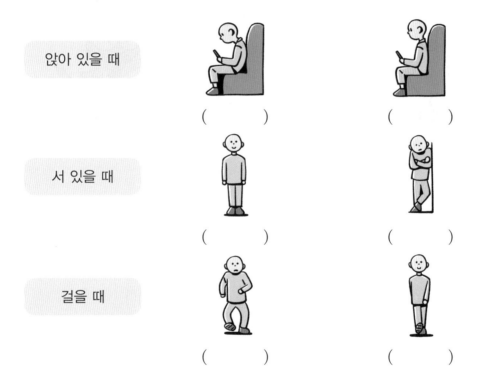

앉아 있을 때 (   ) (   )

서 있을 때 (   ) (   )

걸을 때 (   ) (   )

4 척추가 휜 각도를 보고, 알맞은 치료 방법을 선으로 이어 보세요.

수술받기   자세 교정기 착용하기   운동하기

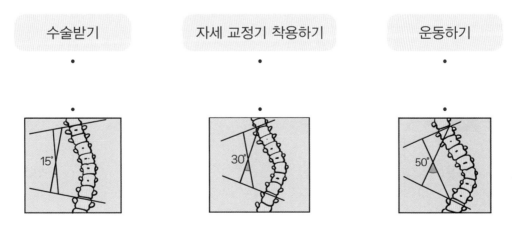

15°   30°   50°

07 각도

예각과 둔각

step 1 30초 개념

• 직각보다 작은 각과 직각보다 큰 각을 알아봅니다.

각도가 0°보다 크고 직각보다 작은 각을 예각이라고 합니다.

각도가 직각보다 크고 180°보다 작은 각을 둔각이라고 합니다.

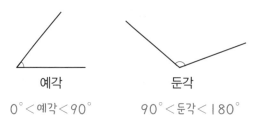

예각　　　　　둔각

0° < 예각 < 90°　　　90° < 둔각 < 180°

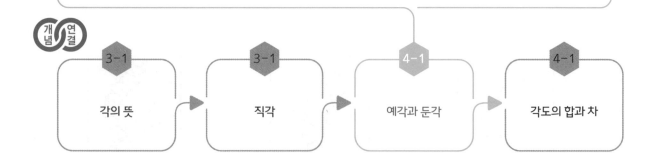

3-1	3-1	4-1	4-1
각의 뜻	직각	예각과 둔각	각도의 합과 차

step 2 설명하기

질문 ❶ 주어진 각이 예각, 둔각 중 어느 것인지 □ 안에 알맞게 써넣으세요.

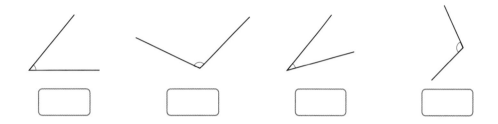

설명하기 예각은 0°보다 크고 직각보다 작은 각이고, 둔각은 직각보다 크고 180°보다 작은 각이므로 아래와 같습니다.

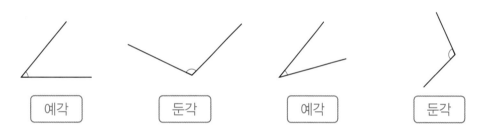

질문 ❷ 시계의 긴바늘과 짧은바늘이 이루는 작은 쪽의 각이 예각, 직각, 둔각 중 어느 것인지 알아보세요.

설명하기 3시는 직각, 4시 30분은 예각, 1시 30분은 둔각입니다.

1 관계있는 것끼리 선으로 이어 보세요.

예각 •

직각 •

둔각 •

• 각도가 90°인 각 •

• 각도가 0°보다 크고 직각보다 작은 각 •

• 각도가 직각보다 크고 180°보다 작은 각 •

2 다음 각을 예각, 직각, 둔각으로 분류하여 빈칸에 알맞게 써 보세요.

100° 20° 61° 94° 155° 90°

예각	직각	둔각

3 주어진 선분을 이용하여 예각과 둔각을 각각 그려 보세요.

예각

둔각

4 사각형에 예각과 둔각이 각각 몇 개씩 있는지 써 보세요.

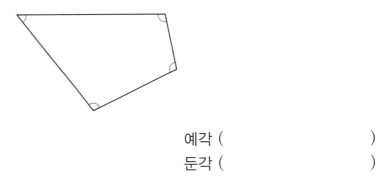

예각 (   )

둔각 (   )

5 예각과 둔각으로 분류한 것을 보고 <u>잘못</u> 분류한 것을 찾아 기호를 쓴 다음, 그 이유를 설명해 보세요.

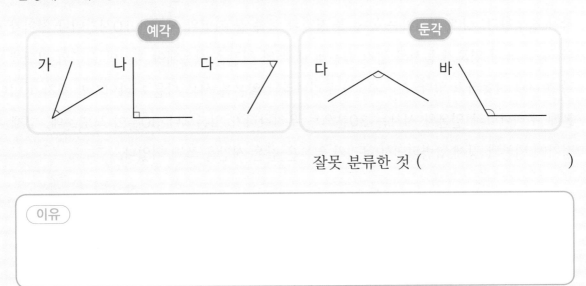

잘못 분류한 것 (   )

이유

6 산이는 동생과 함께 아침 9시 5분에 운동을 시작하여 25분 후에 마쳤습니다. 운동을 끝마친 시각의 긴바늘과 짧은바늘이 이루는 작은 쪽의 각은 예각, 직각, 둔각 중 어느 것일까요?

(   )

대한민국에 사는 내가 아침에 일어나 하루를 시작할 때, 미국 뉴욕에 사는 친구는 깜깜한 어둠 속 깊은 잠에 빠져 있다. 이와 같은 시간 차이, 즉 '시차'는 왜 발생하는 것일까?

사람들은 지구가 한 바퀴 도는 데 걸리는 시간을 '하루'라고 부르기로 약속했다. 하루는 24시간이고, 하루 동안 지구는 360°를 돈다. 즉, 지구는 한 시간에 15°씩 돌고 있다. 그래서 사람들은 한 시간에 해당하는 15°를 기준으로 일정한 범위의 지역에 대해 공통 시간을 정하기로 했다. 이때 나라마다 자기 나라를 중심으로 세계 시간을 정하면 혼란이 올 수 있기 때문에 여러 나라 사람들이 모여 기준이 되는 곳을 정했는데, 그곳이 바로 영국의 그리니치 천문대였다.

그래서 그리니치 천문대를 기준으로 15°씩 동쪽으로 갈수록 한 시간씩 빨라지는 시간 차이가 발생한다. 러시아와 같이 영토*가 동서로 넓은 나라는 같은 나라 안에서도 지역마다 시차가 발생한다. 실제 러시아는 동쪽 끝 지역과 서쪽 끝 지역의 시간이 10시간이나 차이가 난다. 중국 또한 영토가 동서로 넓기 때문에 네 개의 시간을 사용해야 하지만 나라의 정책에 따라 하나만 사용하고 있다. (㉮) 우리나라와 일본은 서로 다른 나라이지만 시차가 없다. 본래 우리나라와 일본의 시차는 30분으로 우리나라가 일본보다 30분이 느렸는데, 일제 강점기*에 일본과 강제 합병되면서* 우리와 일본은 같은 시간을 쓰게 되었다.

*영토: 국가의 영역
*강점기: 강제 점령기의 줄임말로 한반도가 일본 제국의 통치하에 있었던 기간을 말한다.
*합병되다: 둘보다 많은 기구, 단체 나라가 하나로 합쳐지다.

1 이 글에서 가장 중심이 되는 낱말을 찾아 빈칸에 써 보세요.

☐☐

2 이 글의 내용으로 알맞은 것에 ○표, 틀린 것에 ×표 해 보세요.

(1) 지구가 회전하기 때문에 시차가 발생한다. (　　　)
(2) 세계 시간의 기준이 되는 곳은 영국의 그리니치 천문대이다. (　　　)
(3) 한 나라 안에서는 시차가 나지 않는다. (　　　)
(4) 중국은 남북으로 영토가 넓어서 나라 안에서 시차가 나지 않는다. (　　　)

3 (　㉮　)에 들어갈 말로 가장 알맞은 것은? (　　　)

① 그래서　　　　② 그러므로　　　　③ 그리고
④ 그런데　　　　⑤ 왜냐하면

4 빈칸에 알맞은 수나 말을 써넣어 글의 내용을 요약해 보세요.

세계 시간은 영국의 ☐☐☐☐☐☐☐를 기준으로 ☐☐°마다
☐ 시간씩 ☐☐가 발생합니다. 그 까닭은 지구가 ☐☐ 시간 동안
☐☐☐°를 돌기 때문입니다.
시차는 같은 나라 안에서 생기기도 하고, 다른 나라여도 생기지 않기도 합니다.

5 세계 지도에 나타나 있는 세계 여러 도시의 시각을 보고 각 시각을 나타내는 시계의 긴바늘과 짧은바늘이 이루는 작은 쪽의 각을 예각, 직각, 둔각으로 분류하여 빈칸에 알맞은 도시를 써넣으세요.

예각	직각	둔각

각도의 합과 차

step 1 30초 개념

- 각도의 합과 차는 자연수의 덧셈이나 뺄셈과 같은 방법으로 계산할 수 있습니다.
  — 두 각도의 합은 각각의 각도를 자연수의 덧셈과 같이 계산하면 됩니다.

$$40° + 70° = 110°$$

  — 두 각도의 차는 자연수의 뺄셈과 같이 큰 각도에서 작은 각도를 빼어 계산하면 됩니다.

$$130° - 70° = 60°$$

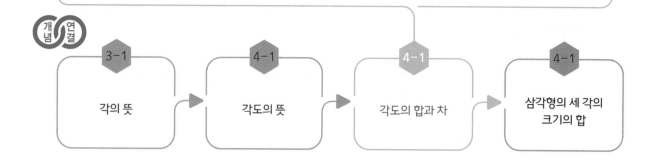

step 2 설명하기

질문 ❶ 두 각도의 합을 구해 보세요.

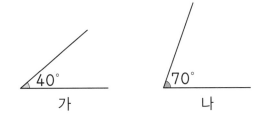
가   나

설명하기 〉 두 각을 겹치지 않게 이어 붙여 그리면 그림 다와 같습니다.
두 각도의 합을 구하면 $40° + 70° = 110°$입니다.

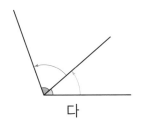
다

질문 ❷ 두 각도의 차를 구해 보세요.

가   나

설명하기 〉 두 각을 겹치게 그리면 그림 다와 같습니다.
두 각도의 차를 구하면 $130° - 70° = 60°$입니다.

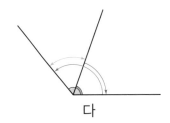
다

1 두 각도의 합과 차를 각각 구해 보세요.

(1)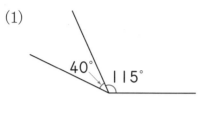

(2)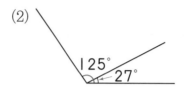

$40° + 115° = \boxed{}°$

$125° - 27° = \boxed{}°$

2 각도기를 이용하여 두 각도를 각각 재어 두 각도의 합을 구해 보세요.

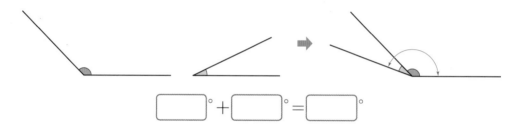

$\boxed{}° + \boxed{}° = \boxed{}°$

3 각도기를 이용하여 두 각도를 각각 재어 두 각도의 차를 구해 보세요.

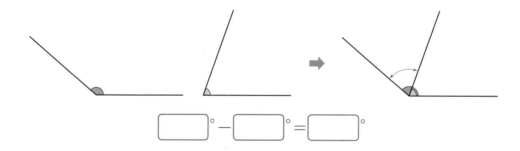

$\boxed{}° - \boxed{}° = \boxed{}°$

4 ☐ 안에 알맞은 수를 써넣으세요.

(1) $\boxed{}° + 42° = 90°$

(2) $180° - \boxed{}° = 103°$

(3) $120° + 100° = \boxed{}°$

(4) $160° - \boxed{}° = 70°$

5 각도가 가장 큰 각과 가장 작은 각을 찾아 두 각도의 합과 차를 구해 보세요.

$$52° \quad 36° \quad 150° \quad 80°$$

합 (   ), 차 (   )

step 4 도전 문제

6 주어진 삼각자 2개를 모두 사용하여 만들 수 없는 각을 찾아 ○표 해 보세요.

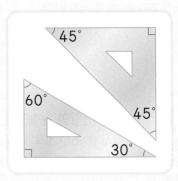

$$15° \quad 60° \quad 90° \quad 105° \quad 135°$$

7 바다는 친구들과 프로젝터로 영화를 보았습니다. 프로젝터에서 퍼지는 빛의 각을 보고 두 각도의 합과 차를 구해 보세요.

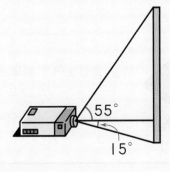

합 (   ), 차 (   )

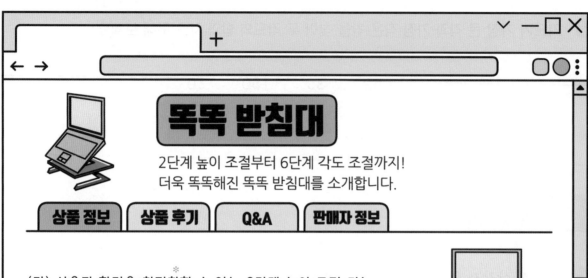

똑똑 받침대

2단계 높이 조절부터 6단계 각도 조절까지!
더욱 똑똑해진 똑똑 받침대를 소개합니다.

상품 정보 | **상품 후기** | **Q&A** | **판매자 정보**

(가) 사용자 환경을 최적화[*]할 수 있는 2단계 높이 조절 기능
받침대를 2단으로 높이면 수납 공간이 만들어집니다.

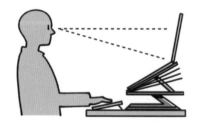

(나) 편안한 눈높이를 제공하는 6단계 각도 조절 기능
각도를 6단계로 조절할 수 있어 사용자에 따라 편안한
눈높이를 제공하며, 이를 통해 사용자의 피로를 덜어
줍니다.

(다) 견고하고[*] 튼튼한 받침대
매우 견고한 재료를 사용하여 튼튼하게 만들었습니다. 태블릿
컴퓨터나 노트북 컴퓨터를 올려놓는 데 사용할 수도 있습니다.

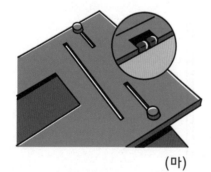

(라) 미끄럼 방지[*] 기능
책을 올려놓아도 좌우로 움직이거나 미끄러지지 않도록
고무 패드가 받침대를 고정해 줍니다.

(마)

＊**최적화**: 가장 알맞은 상황으로 맞춤.
＊**견고하다**: 굳고 단단하다.
＊**방지**: 어떤 일이 일어나지 못하게 막음.

1 이 글은 광고문입니다. 다음 중 광고문을 읽을 때 주의할 점으로 알맞은 것은? (   )

① 과장되거나 거짓된 내용은 없는지 꼼꼼히 따져 본다.
② 사물에 대한 느낌을 생생하게 나타낸 감각적인 표현을 찾아본다.
③ 일이 일어난 원인과 결과를 찾는다.
④ 의견과 그 의견에 대한 까닭을 파악한다.
⑤ 중요한 내용을 간추리면서 읽는다.

2 다음 내용이 들어갈 자리는? (   )

> 지나친 각도 조절이나 부주의로 발생하는 문제는 사용자의 과실이오니 각도 조절 기능을 상황에 따라 적절히 사용하시기 바랍니다.

① (가)   ② (나)   ③ (다)   ④ (라)   ⑤ (마)

3 똑똑 받침대 사용자가 각도를 2단계에서 5단계로 높였다면 받침대의 각도를 몇 도 더 높인 것인지 알아보려고 합니다. 각도기로 각도를 재어 빈칸에 알맞은 수를 써넣으세요.

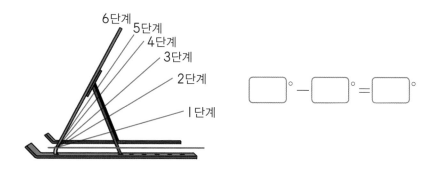

$$\boxed{}° - \boxed{}° = \boxed{}°$$

4 이 광고문을 제대로 이해하지 <u>못한</u> 사람의 이름을 써 보세요.

> 유진: 받침대를 2단으로 높여서 필기도구를 넣어 두고 사용하면 편리하겠어.
> 동우: 눈높이보다 낮은 위치에 놓인 책을 오랫동안 내려다보면 척추가 휠 수 있다는 뉴스를 본 적이 있어. 각도를 조절하면 곧고 바른 자세로 책을 읽을 수 있겠어.
> 희성: 나는 가벼운 책이 아니라 무거운 노트북 컴퓨터의 받침대가 필요해. 나에게 필요한 상품은 아닌 것 같아.

(   )

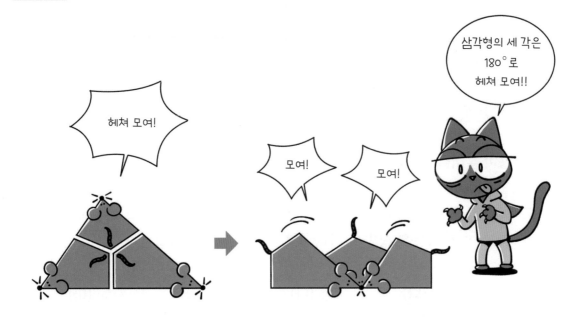

step 1 30초 개념

• 삼각형을 잘라서 세 각의 크기의 합을 구할 수 있습니다.

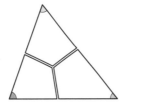 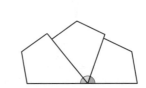

① 삼각형의 세 각을 서로 다른 색으로 칠합니다.
② 삼각형을 세 조각으로 잘라서 세 꼭짓점이 한 점에 모이도록 이어 붙입니다.
③ 삼각형의 모양은 달라도 세 각의 크기의 합은 항상 180°입니다.

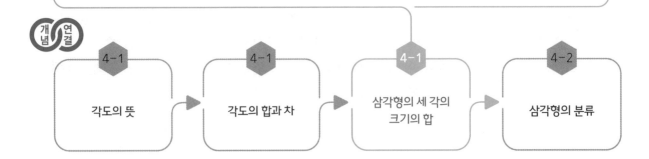

step 2 설명하기

질문 ❶ 그림을 보고 사각형의 네 각의 크기의 합을 구해 보세요.

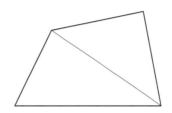

설명하기 삼각형의 세 각의 크기의 합을 이용하여 사각형의 네 각의 크기의 합을 구할 수 있습니다.
① 사각형을 삼각형 2개로 나눕니다.
② 삼각형의 세 각의 크기의 합은 180°이므로 사각형의 네 각의 크기의 합은 180°×2＝360°입니다.
➡ 모든 사각형은 삼각형 2개로 나눌 수 있으므로 모든 사각형의 네 각의 크기의 합은 360°입니다.

질문 ❷ 삼각형과 사각형의 각의 크기를 구해 보세요.

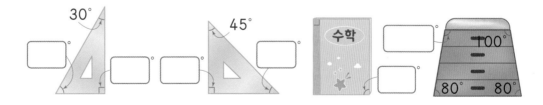

설명하기 삼각형의 세 각의 크기의 합과 사각형의 네 각의 크기의 합을 이용하여 한 각의 크기를 구할 수 있습니다.

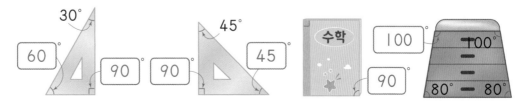

1 각도기로 각을 재어 합을 구하려고 합니다. 빈칸에 알맞은 수를 써넣으세요.

(1)

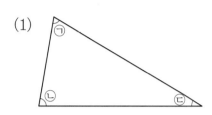

ㄱ+ㄴ+ㄷ

= ☐° + ☐° + ☐°

= ☐°

(2)

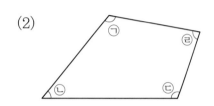

ㄱ+ㄴ+ㄷ+ㄹ

= ☐° + ☐° + ☐° + ☐°

= ☐°

2 그림을 보고 ㉠의 각도를 구해 보세요.

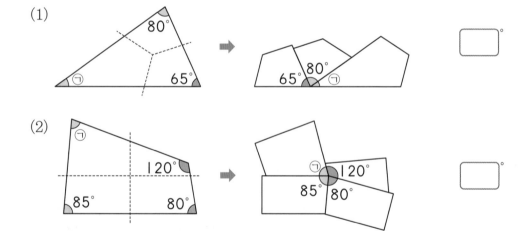

(1) ☐°

(2) ☐°

3 ☐ 안에 알맞은 수를 써넣으세요.

(1)

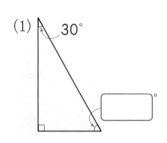

(2)

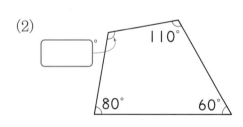

4 도형에서 ㉠과 ㉡의 각도의 합을 구해 보세요.

(1)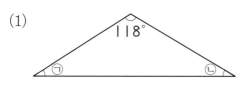

㉠+㉡=□°

(2)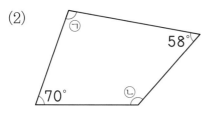

㉠+㉡=□°

5 산이와 하늘이 중 각도를 <u>잘못</u> 잰 사람의 이름에 ○표 하고, 그 이유를 써 보세요.

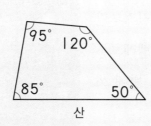 

산   하늘

각도를 잘못 잰 사람은 (산 , 하늘)이입니다.
왜냐하면 _____ 때문입니다.

6 도형에서 ㉠과 ㉡의 각도의 합을 구해 보세요.

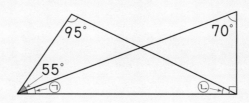

(   )

벨레로폰과 페가수스

먼 옛날 벨레로폰이라는 씩씩한 청년이 살고 있었다. 벨레로폰의 꿈은 페가수스를 타 보는 것이었다. 페가수스는 괴물 메두사의 머리에서 흘러나온 피로 만들어진 하늘을 나는 말이다.

"하얀 눈처럼 아름다운 페가수스를 타고 달리면 세상에 두려울 것이 없을 거야."

마침내 벨레로폰은 지혜의 여신 아테나의 도움으로 페가수스의 주인이 되었다. 그러자 리키아 왕이 벨레로폰을 찾아와 한 가지 부탁을 했다.

"벨레로폰, 사자의 머리에 용의 꼬리를 가진 괴물 키메라를 없애 주시오. 키메라가 무고한 사람들과 가축을 해치는 바람에 피해가 이만저만이 아니오."

얼마 지나지 않아 용감한 벨레로폰은 어렵지 않게 키메라를 처치했다. 리키아 왕은 크게 기뻐하며 벨레로폰과 자신의 딸 필로노에 공주를 결혼시켰다. 연이은 승리로 오만해진* 벨레로폰은 자신을 신이라고 생각하기에 이르렀다.

"이제 나는 신과 다를 바가 없어. 내가 있을 곳은 하찮은* 이 땅이 아니라 저 하늘 위에 있는 신들의 세계야."

결국 벨레로폰은 신들이 사는 세계를 향해 페가수스를 타고 날아올랐다. 이 모습을 하늘 위에서 지켜보던 제우스는 잔뜩 화가 났다. 그래서 벌을 보내 벨레로폰을 태우고 하늘을 나는 페가수스를 쏘게 했다. 벌에 쏘인 페가수스는 깜짝 놀라 몸부림을 쳤다.

"으악!"

외마디 비명과 함께 벨레로폰은 페가수스의 등에서 떨어져 땅으로 곤두박질치고 말았다. 벨레로폰을 떨어뜨린 페가수스는 하늘을 향해 내달려 페가수스자리가 되었다.

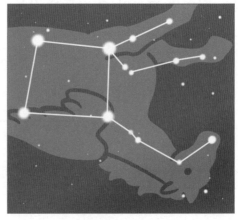

▲ 페가수스자리

*오만하다: 태도나 행동이 건방지거나 거만하다.
*하찮다: 그다지 훌륭하지 않다.

1 이야기의 내용을 정리한 표에서 각 부분에 알맞은 내용을 찾아 ○표 해 보세요.

첫 번째 부분	벨레로폰은 간절히 바라던 페가수스의 (주인을 만났다 / 주인이 되었다).
두 번째 부분	벨레로폰은 키메라를 해치우고 (겸손해졌다 / 오만해졌다).
세 번째 부분	제우스의 분노를 산 벨레로폰은 (페가수스의 등에서 떨어졌다 / 페가수스를 타고 떠났다).

2 이 이야기에서 말하고자 하는 바로 가장 알맞은 것은? (   )

① 못난 사람처럼 구는 것이 오히려 이롭다.
② 지나치게 겸손한 것은 오히려 좋지 않다.
③ 지위가 높아질수록 겸손한 태도를 지녀야 한다.
④ 괜히 큰소리를 치는 사람은 알고 보면 별다른 능력이 없다.
⑤ 좋은 일이 생겼다고 너무 기뻐할 필요도, 나쁜 일이 생겼다고 너무 슬퍼할 필요도 없다.

3 가을철 북쪽 하늘에 보이는 별자리인 페가수스자리에는 몸체에 해당하는 커다란 사각형이 있습니다. 이 사각형을 그림과 같이 삼각형 4개로 나누어 사각형의 네 각의 크기의 합을 구하려고 합니다. 겨울이가 <u>잘못</u> 설명한 부분을 찾아 바르게 설명해 보세요.

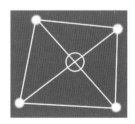

사각형의 네 각의 크기의 합은 삼각형의 세 각의 크기의 합인 180°를 네 번 더한 720°야.

겨울

바른 설명

(세 자리 수)×(두 자리 수)

연필이 한 자루에 130원이길래 한 타 (12자루)사 왔어!

130원 짜리 연필이 12자루이니까 130을 12번 더하면 되겠네.

130×12를 계산하면 더 쉽지.

우다다 —

step 1 30초 개념

• 세 자리 수에 두 자리 수를 곱한 것은 세 자리 수를 두 자리 수만큼 더한 것과 같습니다.
  ─ 우리나라에서는 한 사람이 하루에 282 L의 물을 사용합니다. 24명이 하루에 사용한 물의 양을 구하기 위해서는 282를 24번 더해서 계산할 수 있습니다.

$$282+282+282+\cdots+282$$
$$\underbrace{\qquad\qquad\qquad}_{24번}$$

282를 24번 더한 것은 간단하게 곱셈 282×24로 나타낼 수 있습니다.

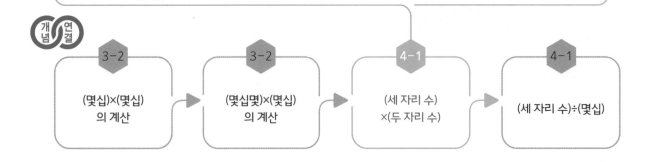

개념 연결

3-2
(몇십)×(몇십)
의 계산

3-2
(몇십몇)×(몇십)
의 계산

4-1
(세 자리 수)
×(두 자리 수)

4-1
(세 자리 수)÷(몇십)

step 2 설명하기

질문 ❶ 248×5를 계산하는 방법을 이용하여 248×50의 계산 방법을 설명해 보세요.

설명하기 248×50=248×5×10이므로 248×50의 계산은 248×5를 계산한 다음
10배 합니다.

```
248× 5= [ 1240 ]
                    [ 10 ] 배
248×50= [ 12400 ] ←
```

```
    2 4 8              2 4 8
  ×     5            ×   5 0
  ─────────          ─────────
  [ 1 2 4 0 ]        [ 1 2 4 0 0 ]
        └──── [ 10 ] 배 ────↑
```

질문 ❷ 282×20과 282×4의 계산을 이용하여 282×24의 계산 방법을 설명해 보세요.

설명하기 282×24에서 24는 20과 4의 합입니다.
따라서 282×24는 282×20과 282×4를 더한 값과 같습니다.

```
282×24          282×20          282×4          282×24
  2 8 2           2 8 2          2 8 2           2 8 2          2 8 2
×   2 4    ➡    ×   2 0    +    ×     4    =    ×   2 4    │   ×   2 4
─────────       ─────────      ─────────       ─────────   │  ─────────
                5 6 4 0        1 1 2 8  →      1 1 2 8      │   1 1 2 8
                     └──────────────────→      5 6 4 0      │   5 6 4
                                               6 7 6 8      │   6 7 6 8
```

1 보기 와 같이 계산해 보세요.

> 보기
>
> $218 \times 3 = 654 \Rightarrow 218 \times 30 = 6540$

(1) $600 \times 7 = \boxed{} \Rightarrow 600 \times 70 = \boxed{}$

(2) $540 \times 4 = \boxed{} \Rightarrow 540 \times 40 = \boxed{}$

(3) $328 \times 6 = \boxed{} \Rightarrow 328 \times 60 = \boxed{}$

2 계산해 보세요.

(1) 125×54

(2) 512×39

(3)
$$\begin{array}{r} 3\ 0\ 9 \\ \times\quad 4\ 6 \\ \hline \end{array}$$

(4)
$$\begin{array}{r} 4\ 3\ 7 \\ \times\quad 7\ 8 \\ \hline \end{array}$$

3 빈칸에 두 수의 곱을 써넣으세요.

(1)

612	90

(2)

835	43

4 곱이 큰 것부터 차례로 기호를 써 보세요.

> ㉠ 257×24 ㉡ 321×28
> ㉢ 283×30 ㉣ 429×18

(   )

5 계산이 <u>잘못된</u> 부분을 찾아 바르게 계산해 보세요.

```
        5  2  9
  ×        4  3
  ─────────────
  1  5  8  7
  2  1  1  6
  ─────────────
  3  7  0  3
```

➡ 바른 계산

6 □ 안에 들어갈 수 있는 자연수를 모두 구해 보세요.

$$9000 < 324 \times \square < 10000$$

(   )

step **4** 도전 문제

7 '470×60'과 관련된 문제를 만들고 풀어 보세요.

식 _____

답 _____

8 □ 안에 알맞은 수를 써넣으세요.

```
        5  0  □
  ×        □  7
  ─────────────
     3  □  □  □
  □  □  □  4
  ─────────────
  1  □  □  9  6
```

환율

세계 여러 나라에서 사용하는 말이 서로 다르듯이 각 나라에서 사용하는 돈과 그 돈의 가치[*] 도 서로 다르다. 그래서 해외여행을 떠날 때는 우리나라 돈을 여행하는 나라의 돈으로 바꾸 어 가야 한다. 예를 들어 우리나라 돈 1000원은 미국 돈 약 1달러와 바꿀 수 있다. 이처럼 한 나라의 돈과 다른 나라의 돈을 맞바꾸는 비율을 환율이라고 한다.

세계 여러 나라의 환율

나라	화폐 단위	환율
일본	100엔	954원
중국	1위안	184원
호주	1호주 달러	895원
캐나다	1캐나다 달러	993원

(2022년 11월 25일 오후 3시 환율)

환율은 늘 똑같지 않고 수시로[*] 변한다. 전에는 우리나라 돈 1000원과 미국 돈 1달러를 바 꿀 수 있었는데 지금은 우리나라 돈 1500원과 미국 돈 1달러를 바꿀 수 있게 되었다면 환율 이 오른 것이고, 우리나라 돈 800원과 미국 돈 1달러를 바꿀 수 있게 되었다면 환율이 내린 것이다. 환율이 올랐다는 것은 우리나라 돈의 가치가 떨어졌다는 것을 의미하며, 환율이 내렸 다는 것은 우리나라 돈의 가치가 올랐다는 것을 의미한다.

환율이 오르거나 내리면 일상생활에도 변화가 생길 수 있다. 만일 환율이 오르면 우리나라 가 외국에 물건을 팔고 더 큰 이익을 얻을 수 있다. 반면에 외국에서 물건을 사 올 때는 더 많 은 돈을 내야 하므로 손해를 볼 수 있다.

＊**가치**: 사물이 지니고 있는 쓸모
＊**수시로**: 아무 때나 늘

1 이 글에서 가장 중요한 낱말은 무엇인지 빈칸에 알맞은 말을 써넣으세요.

☐☐

2 2022년 11월 25일 오후 3시 환율을 기준으로 50위안을 우리나라 돈과 바꾸려면 우리나라 돈이 얼마나 필요한지 구해 보세요.

(   )

3 다음은 세계 여러 나라의 빵 가격입니다. 2022년 11월 25일 오후 3시 환율을 기준으로 빵 가격이 가장 비싼 나라는 어디인지 써 보세요.

12000원	45위안	12호주 달러
대한민국	중국	호주

(   )

4 캐나다에 여행을 가서 2022년 11월 25일 오후 3시경 38달러짜리 기념품을 샀습니다. 다음 날 캐나다 달러의 환율이 904원으로 떨어졌다면 얼마를 손해 본 것인지 구해 보세요.

(   )

5 친구들이 나눈 대화를 보고 맞는 것에 ○표, 틀린 것에 ✕표 해 보세요.

봄
환율은 항상 일정하게 유지된다. (   )

여름
자기 나라 돈의 가치가 떨어지면 환율이 오른다. (   )

가을
환율이 오르면 외국에 물건을 판매하고 이익을 더 얻을 수 있다. (   )

겨울
환율이 떨어지면 외국에서 물건을 구입하고 더 많은 우리나라 돈을 내야 한다. (   )

우리는 전부 180명인데 버스 한 대에 30명씩 나누어 타야 한대.

그럼 버스가 몇 대 필요할까?

180÷30을 계산하면 되겠네.

step 1 30초 개념

• (세 자리 수)÷(몇십)의 계산은 곱셈구구를 이용해서 나누는 수가 몇 번 들어가는지 구하는 방법으로 계산해요.

$$
\begin{array}{r}
\boxed{6} \\
30\overline{)\,1\ 8\ 0} \\
\boxed{1\ 8\ 0} \\
\hline
0
\end{array}
$$

나눗셈식	180÷30=6
몫	6
나머지	0

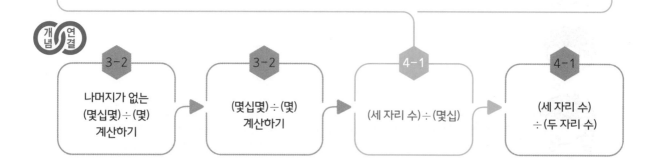

개념 연결

3-2
나머지가 없는 (몇십몇)÷(몇) 계산하기

3-2
(몇십몇)÷(몇) 계산하기

4-1
(세 자리 수)÷(몇십)

4-1
(세 자리 수) ÷(두 자리 수)

step 2 설명하기

질문 ❶ 수 모형을 이용하여 180÷30을 계산하는 방법을 설명해 보세요.

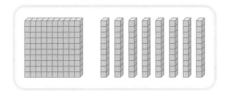

설명하기 180은 백 모형 1개와 십 모형 8개입니다.

30씩 묶기 위해 백 모형 1개를 십 모형 10개로 바꾸면 십 모형은 18개가 됩니다.

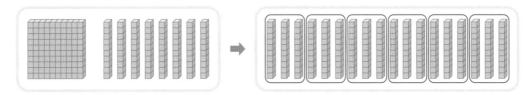

십 모형 18개를 3개씩 묶으면 6묶음이 됩니다.
➡ 따라서 180÷30=6입니다.

질문 ❷ 167÷20의 몫과 나머지를 구하고, 그 방법을 설명해 보세요.

설명하기 ① 몫이 얼마인지 어림합니다.
－ 167은 100과 200 사이이고 20으로 나누면 몫은 5와 10 사이이므로
167을 160으로 보면 몫이 8 정도 될 것 같습니다.
② 20과 곱했을 때 167 근처가 되는 수를 몇 개 구합
니다. 다음 3개의 곱셈에서 몫이 8임을 알고 나눗셈
을 하면 나머지가 7이 나옵니다.
－ 20×7=140
－ 20×8=160
－ 20×9=180
③ 곱셈으로 계산 결과가 맞는지 확인합니다.
$$20×8=160, \quad 160+7=167$$

$$\begin{array}{r} 8 \\ 20{\overline{\smash{)}\,1\ 6\ 7}} \\ \underline{1\ 6\ 0} \\ 7 \end{array}$$

1 수 모형을 20씩 묶고, 140÷20을 계산하여 ☐ 안에 알맞은 수를 써넣으세요.

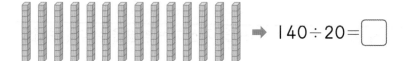 ➡ 140÷20=☐

2 나누어떨어지는 식을 찾아 ○표 해 보세요.

460÷80   480÷80

3 나눗셈을 하고, 계산 결과가 맞는지 확인해 보세요.

(1)
60) 3 4 5

(2)
70) 4 7 6

확인 60 × ☐ = ☐ ,
☐ + ☐ = 345

확인 70 × ☐ = ☐ ,
☐ + ☐ = 476

4 ☐ 안에 알맞은 수를 써넣으세요.

(1) 560÷☐0=8

(2) 273÷☐0=9···3

5 몫이 큰 것부터 순서대로 기호를 써 보세요.

㉠ 360÷50   ㉡ 541÷60   ㉢ 498÷90   ㉣ 200÷30

(   )

6 □ 안에 들어갈 수 있는 자연수를 모두 구해 보세요.

$$500 \div 20 < \square < 600 \div 20$$

(   )

step 4 도전 문제

7 다음 나눗셈식에서 나누어지는 수를 구해 보세요.

(   )

8 조건 에 맞는 두 수를 찾아 물음에 답하세요.

조건

큰 수를 작은 수로 나누면 몫이 16이고 나누어 떨어집니다.

(1) 작은 수가 1일 때, 큰 수를 구해 보세요.

(   )

(2) 작은 수가 10일 때, 큰 수를 구해 보세요.

(   )

(3) 작은 수가 20일 때, 큰 수를 구해 보세요.

(   )

(4) 두 수의 곱이 3600일 때, 큰 수와 작은 수를 구해 보세요.
큰 수 (   ), 작은 수 (   )

사족

세 친구가 길을 가던 중 목이 말라 ㉠물 한 병을 나누어 마시기로 했다. 세 친구는 물을 똑같이 나누어 마시려고 했지만 그러기에는 물의 양이 너무 적었다. 고민 끝에 한 명이 이렇게 제안했다.

"각자 뱀을 한 마리씩 그리는데, 그림을 제일 먼저 완성하는 사람이 이 물을 모두 마시는 게 어떤가?"

"참 좋은 생각일세. 그럼 어디 한번 실력 좀 뽐내 볼까?"

세 친구는 물을 마실 생각에 입맛을 다시며* 뱀을 그리기 시작했다. 잠시 후 가장 먼저 뱀을 그린 사람이 물병을 차지했다. 그는 부러움이 담긴 친구들의 시선을 한 몸에 받으며 물을 한 모금* 들이켰다. 그리고 우쭐대며 말했다.

"내 손이 얼마나 빠른지 잘 봤겠지? 나는 자네들이 뱀을 완성하기 전에 뱀의 발까지 그릴 수 있다네. 어디 한번 보겠나?"

그는 순식간에 자신의 그림에 발을 그려 넣었다. 나머지 친구들은 뱀 그림을 이리저리 살펴보다가 이렇게 말했다.

"예끼, 이 사람아. 발 달린 뱀이 세상에 어디 있는가? 이 그림은 이제 더 이상 뱀을 그린 것이 아니니 그 물을 당장 내놓게."

그러더니 ㉡남은 물 118 mL를 모두 마셔 버렸다.

뱀의 발을 그린 친구는 할 말을 잃고 넋 나간 꼴로 멍하니 앉아 있을 뿐이었다.

＊**입맛을 다시다**: 무엇인가를 갖고 싶어 하다.
＊**모금**: 액체나 기체를 입안에 한 번 머금는 양을 세는 단위

1 다음 한자 뜻을 참고하여 이 글의 제목을 한글로 풀어 쓰려고 합니다. 빈칸에 알맞은 말을 써넣으세요.

蛇		足	
뜻	음	뜻	음
긴 뱀	사	발	족

☐ 의 ☐

2 이 이야기의 교훈으로 알맞지 <u>않은</u> 것은? (   )

① 욕심을 많이 부리다가 한 가지도 얻지 못할 수 있다.
② 아무 관계도 없는 남의 일에 참견할 필요 없다.
③ 지나치게 욕심을 부리면 도리어 손해를 볼 수 있다.
④ 이치에 맞지 않는 엉뚱하고 쓸데없는 말을 하지 않아야 한다.
⑤ 하지 않아도 될 쓸데없는 일을 덧붙여 하다가 도리어 일을 그르치고 후회할 수 있다.

3 밑줄 친 ㉠을 세 친구가 60 mL씩 나누어 마시면 20 mL가 남을 때, 물 한 병에 들어 있는 물은 몇 mL인지 구해 보세요.

풀이 과정

(   )

4 컵에 물을 한 번에 30 mL까지 따를 수 있을 때, 밑줄 친 ㉡을 모두 컵에 따라 마시면 적어도 몇 컵을 마시게 되는지 구해 보세요.

풀이 과정

(   )

12
곱셈과 나눗셈

(세 자리 수) ÷ (두 자리 수)

step 1 · 30초 개념

• (세 자리 수)÷(두 자리 수)의 계산은 높은 자리부터 순서대로 나누는 수가 몇 번 들어가는지 몫을 어림해 보는 방법으로 계산합니다.

$$
\begin{array}{r}
2\ 5 \leftarrow \text{몫} \\
27\,\overline{)\,6\ 8\ 5} \\
5\ 4 \\
\hline
1\ 4\ 5 \\
1\ 3\ 5 \\
\hline
1\ 0 \leftarrow \text{나머지}
\end{array}
$$

(확인) $27 \times 25 = 675,\ 675 + 10 = 685$

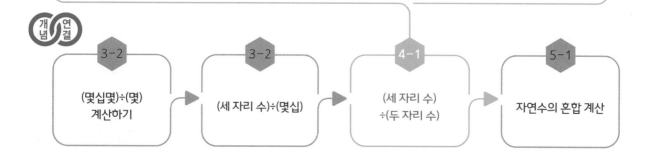

3-2	3-2	4-1	5-1
(몇십몇)÷(몇) 계산하기	(세 자리 수)÷(몇십)	(세 자리 수) ÷(두 자리 수)	자연수의 혼합 계산

질문 ❶ 775÷25의 몫과 나머지를 구하고, 그 과정을 설명해 보세요.

설명하기 ① 775÷25의 몫의 십의 단위를 곱셈으로 추측하면 30입니다.

$$25 \times 20 = 500, \ 25 \times 30 = 750, \ 25 \times 40 = 1000$$

② 남는 수를 뺄셈으로 계산하면 775−750=25입니다.

③ 남는 수를 나누면 몫의 일의 단위는 25÷25=1입니다.

```
        1
      3 0
  25)7 7 5
    7 5 0  ← 25×30
      2 5  ← 775−750
      2 5  ← 25×1
        0  ← 25−25
```

⇒

```
      3 1  ← 30+1
  25)7 7 5
    7 5
      2 5
      2 5
        0
```

④ 따라서 775÷25의 몫은 31이고, 나머지는 0입니다.

질문 ❷ 983÷21의 몫과 나머지를 구하고, 그 과정을 설명해 보세요.

설명하기 983÷21의 몫의 십의 단위를 곱셈으로 추측하면 40입니다.

$$21 \times 30 = 630, \ 21 \times 40 = 840, \ 21 \times 50 = 1050$$

```
        4 6  ← 40+6
  21)9 8 3
    8 4 0  ← 21×40
    1 4 3  ← 983−840
    1 2 6  ← 21×6
      1 7  ← 143−126
```

따라서 983÷21의 몫은 46이고, 나머지는 17입니다.

계산한 결과가 맞는지 확인하면 21×46=966 ➡ 966+17=983입니다.

1 292÷48의 몫을 어림한 수로 가장 적절한 것에 ○표 해 보세요.

6	7	8	9

2 몫이 두 자리 수인 나눗셈을 모두 찾아 기호를 써 보세요.

㉠ 177÷21	㉡ 292÷36	㉢ 700÷16	㉣ 888÷37

(   )

3 나눗셈을 하고, 계산 결과가 맞는지 확인해 보세요.

(1)

$$67 \overline{)\,5\ 3\ 6}$$

(2)

$$27 \overline{)\,6\ 8\ 5}$$

확인 67 × ⬜ = ⬜ ,
⬜ + ⬜ = 536

확인 27 × ⬜ = ⬜ ,
⬜ + ⬜ = 685

4 나누어떨어지는 식을 만들려고 합니다. ★에 알맞은 수를 보기 에서 찾아 식을 써 보세요.

보기

58	67	76

536÷★

식 _____

5 계산이 <u>잘못된</u> 부분을 찾아 바르게 계산해 보세요.

```
        2 6
  28) 7 8 3
      5 6
      2 2 3
      1 6 8
        5 5
```

바른 계산

step **4** 도전 문제

6 □ 안에 알맞은 수를 써넣으세요.

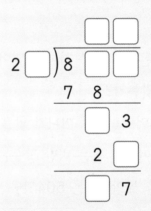

7 다음 중 <u>잘못된</u> 내용을 말한 사람의 이름을 쓰고, <u>잘못된</u> 부분을 바르게 고쳐 보세요.

열매: 사과 500개를 24상자에 나누어 담았더니 한 상자에 20개씩 담고 20개가 남았습니다.

서현: 800장짜리 색종이 한 상자를 구입하여 친구들 16명에게 50장씩 나누어 주었더니 남은 색종이가 없습니다.

다희: 초콜릿 450개를 한 봉지에 30개씩 나누어 담고 5개씩 더 담았더니 30개가 남았습니다. 이때 초콜릿을 담은 봉지는 모두 10개입니다.

(   )

물에 빠진 사람 건져 놓으니 내 보따리 내놓으라 한다

옛날 마음씨 착한 농부가 있었다. 어느 해 농부는 갑작스레 쏟아진 많은 비 때문에 농사를 망치고 말았다.

"이를 어쩌나. 이웃 마을 부잣집에서 허드렛일*을 하고 푼돈*이라도 벌어 와야겠다."

이웃 마을을 향해 걷던 농부의 눈에 개울을 따라 둥둥 떠내려 오는 비단 주머니가 보였다. 손을 뻗어 건져 보니 주머니 안에는 32냥이 들어 있었다.

"돈이잖아?

농부는 바로 관아로 갔다.

"개울가에서 돈주머니를 주워 주인에게 돌려주려고 합니다."

"마침 여기 돈주머니 중 하나를 잃어버렸다는 비단 장수가 와 있구나. 여봐라! 이 돈주머니가 네 것이 맞는가?"

"네, 제가 잃어버린 돈주머니가 맞습니다."

그런데 돈주머니를 찾은 비단 장수는 순간 나쁜 마음이 들었다.

"저는 비단을 팔아 번 돈 504냥을 주머니 12개에 똑같이 나누어 담은 것 중 하나를 잃어버렸습니다. 저 농부가 [㉠]냥을 훔친 것이 분명합니다. 훔쳐 간 내 돈 당장 내놓으시오."

"물에 빠진 사람 건져 놓으니 내 보따리 내놓으라 하는구려. 찾아 준 고마움도 모르고 어찌 도리어 생떼*를 쓰시오!"

사또는 비단 장수가 거짓말을 하고 있다는 사실을 눈치채고 이렇게 판결을 내렸다.

"농부가 주워 온 돈은 32냥뿐이니 이 주머니는 비단 장수의 것이 아니로구나. 비단 장수는 돈주머니를 찾을 때까지 기다리고, 농부는 큰돈이 든 주머니를 주인에게 돌려주려 했으니 상으로 이 주머니를 갖도록 하여라."

욕심부리다가 돈을 한 푼도 찾지 못하게 된 장사꾼은 땅을 치고 후회했다.

*허드렛일: 중요하지 않고 허름한 일
*푼돈: 많지 않은 적은 돈
*생떼: 억지로 쓰는 떼

1 이 이야기에서 '물에 빠진 사람 건져 놓으니 내 보따리 내놓으라 한다.'와 연결 지을 수 있는 내용을 각각 선으로 이어 보세요.

물에 빠진 사람 •   • 농부의 돈

건져 놓으니 •   • 훔치지도 않은 돈을 내놓으라는 행동

내 보따리 •   • 비단 장수가 잃어버린 주머니

내놓으라 한다. •   • 주운 주머니를 주인에게 돌려주려는 행동

2 다음 중 '물에 빠진 사람 건져 놓으니 내 보따리 내놓으라 한다.'를 알맞게 사용한 사람의 이름에 ○표 해 보세요.

겨울

물에 빠진 사람 건져 놓으니 내 보따리 내놓으라 한다더니, 내 동생이 그림 그리기를 도와달라고 부탁해서 도와줬더니 완성된 그림이 마음에 들지 않는다면서 불평을 해.

가장 친한 친구에게 내 비밀을 털어놓았어. 그런데 물에 빠진 사람 건져 놓으니 내 보따리 내놓으라 한다더니 다른 사람들에게 내 비밀을 말해 버렸어.

가을

3 비단 장수의 말대로 504냥을 12개의 주머니에 똑같이 나누어 담았다면 주머니 하나에 들어 있는 돈은 몇 냥일까요?

(   )

4 ㉠에 들어갈 수를 구해 보세요.

풀이 과정

(   )

- 평면도형을 어느 방향으로 밀어도 모양과 크기가 같습니다.
  - 삼각형 ㄱㄴㄷ을 위쪽, 아래쪽, 왼쪽, 오른쪽으로 5 cm 밀었을 때의 도형을 그리면 오른쪽 그림과 같습니다.

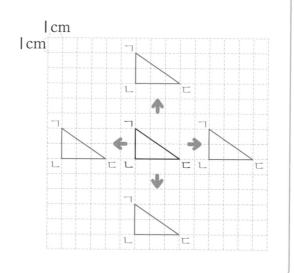

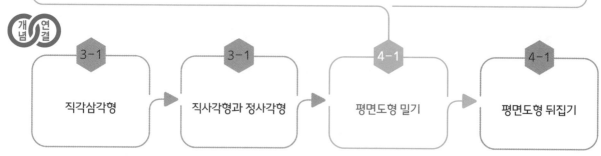

3-1	3-1	4-1	4-1
직각삼각형	직사각형과 정사각형	평면도형 밀기	평면도형 뒤집기

step 2 설명하기

질문 ❶ 모양 조각을 화살표 방향으로 밀었을 때의 모양을 그리고, 그 결과를 설명해 보세요.

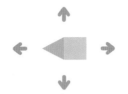

설명하기 모양 조각을 위쪽, 아래쪽, 왼쪽, 오른쪽 방
향으로 민 그림은 오른쪽과 같습니다.
모양 조각을 여러 방향으로 밀면 미는 방향에
따라 조각의 위치가 바뀝니다.
조각의 모양은 변화가 없습니다.

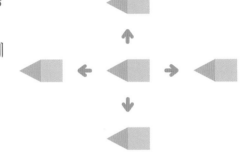

질문 ❷ 퍼즐 조각을 밀어서 정사각형을 완성하고, 그 과정을 설명해 보세요.

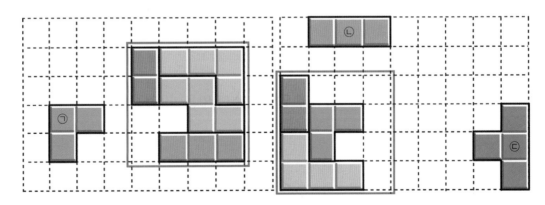

설명하기 정사각형을 완성하려면 조각 ㉠을 오른쪽으로 3칸 밀어야 합니다.
조각 ㉡은 아래쪽으로 2칸 밀어야 합니다.
조각 ㉢은 왼쪽으로 5칸 밀어야 합니다.

1 보기 의 모양 조각을 오른쪽으로 밀었을 때의 모양으로 알맞은 것에 ○표 해 보세요.

(   )   (   )

2 도형을 화살표 방향으로 6 cm 밀었을 때의 모양을 그려 보세요.

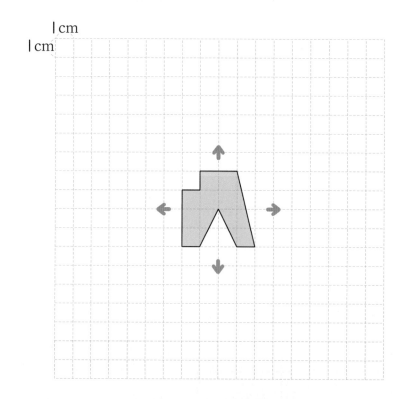

3 도형을 움직인 모양을 보고 ☐ 안에 알맞은 수나 말을 써넣으세요.

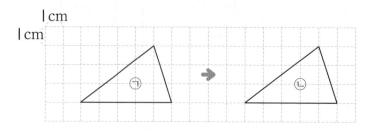

➡ ㉠ 도형을 [   ] 쪽으로 [   ] cm 밀면 ㉡ 도형이 됩니다.

4 어떤 도형을 오른쪽으로 8 cm 밀었을 때의 도형을 보고 밀기 전 도형을 그려 보세요.

5 규칙에 따라 ☐ 모양을 밀어 무늬를 완성해 보세요.

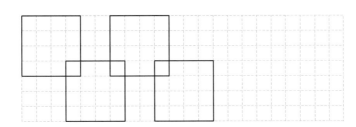

![step 4 도전 문제]

6 주어진 도형을 오른쪽으로 8 cm 밀었을 때의 모양을 그리고, 그 모양을 다시 왼쪽으로 4 cm 밀었을 때의 모양을 그려 보세요.

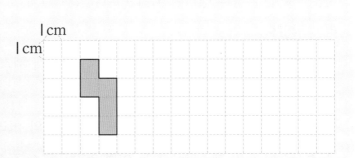

7 그림을 보고 도형의 이동 방법을 설명해 보세요.

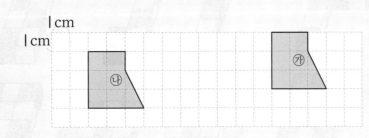

설명 _____

부서진 체스판

'정복왕'이라고 불리는 잉글랜드* 국왕 윌리엄 I세의 아들과 프랑스 왕위에 오를 왕자가 체스 경기를 즐기고 있었다.

'거친 바다를 건너 잉글랜드를 정복한 윌리엄 I세의 아들답게 프랑스 왕자의 코를 납작하게 만들고 말겠어.'

'나도 질 수 없지. 위대한 프랑스의 명예를 걸고 반드시 이기고 말리라.'

손에 땀을 쥐게 했던 경기의 승리는 윌리엄 I세의 아들에게 돌아갔다.

"하하하. 그 정도 실력으로 나를 이기려 들다니, 어림도 없지."

경기에 진 프랑스 왕자는 화가 머리끝까지 나서 윌리엄 I세의 아들에게 체스판을 던져 버리고 말았다.

"'눈에는 눈, 이에는 이'라고 했다. 감히 나에게 체스판을 던지다니, 나도 똑같이 갚아 주겠다."

윌리엄 I세의 아들도 지지 않고 프랑스 왕자의 머리를 체스판으로 내려쳤다. 둘의 다툼으로 정사각형 모양 체스판은 모두 여덟 조각으로 ㉠산산조각이 나고 말았다.

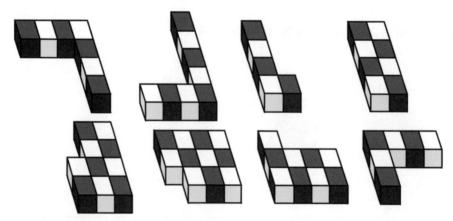

＊**잉글랜드**: 영국의 중남부를 차지하는 지방
＊**체스**: 장기와 유사한 서양 놀이

1 밑줄 친 ㉠을 대신해서 쓸 수 없는 말은? (   )

① 산산이 부서지고   ② 조각조각 깨지고   ③ 감기고
④ 갈라지고   ⑤ 갈기갈기 흩어지고

2 이 글의 내용으로 미루어 볼 때, '눈에는 눈, 이에는 이'의 뜻으로 알맞은 것은? (   )

① 얕은 수로 남을 속이려 한다.
② 손해를 입은 만큼 앙갚음한다.
③ 눈을 멀쩡히 뜨고 있어도 코를 베어 갈 만큼 인심이 고약하다.
④ 남에게 악한 짓을 하면 자기는 그보다 더한 벌을 받게 된다.
⑤ 손해를 입은 자리에서는 아무 말도 못 하고 뒤에 가서 불평한다.

3 체스판을 정사각형 모양으로 되돌리려고 합니다. 도형 ㉠~㉣의 이동 방법을 설명해 보세요.

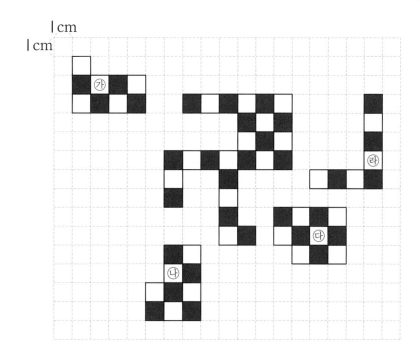

도형 ㉮를 _____

도형 ㉯를 _____

도형 ㉰를 _____

도형 ㉱를 _____

얘들아,
나도 비어 있는
내 자리로 들어갈래.
좀 도와줘.

내가
뒤집어 줄게.

잘 가!

---

step 1 **30초 개념**

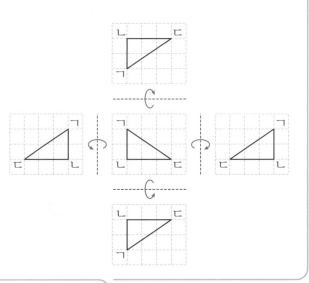

- 평면도형을 여러 방향으로 뒤집으면 방향만 바뀔 뿐 모양은 변하지 않습니다.
  - 삼각형 ㄱㄴㄷ을 위쪽, 아래쪽, 왼쪽, 오른쪽으로 뒤집었을 때의 도형을 그리면 오른쪽 그림과 같습니다.

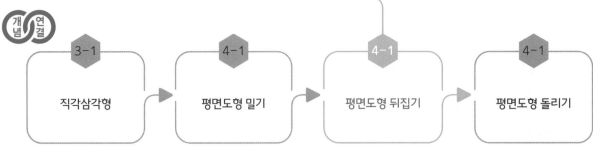

개념 연결

3-1	4-1	4-1	4-1
직각삼각형	평면도형 밀기	평면도형 뒤집기	평면도형 돌리기

step 2 설명하기

질문 ❶ 모양 조각을 여러 방향으로 뒤집은 그림을 그리고,
그 결과를 설명해 보세요.

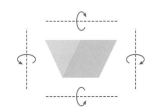

설명하기 모양 조각을 위쪽, 아래쪽, 왼쪽,
오른쪽으로 뒤집은 그림은 오른쪽
그림과 같습니다.
모양 조각을 위쪽이나 아래쪽으로
뒤집으면 조각의 위쪽과 아래쪽이
서로 바뀝니다.
모양 조각을 왼쪽이나 오른쪽으로
뒤집으면 조각의 왼쪽과 오른쪽이
서로 바뀝니다.
모양 조각의 방향만 바뀌었을 뿐 모양은 변화가 없습니다.

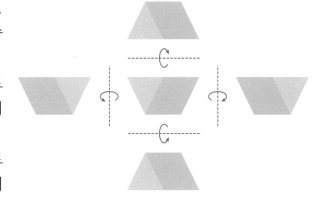

질문 ❷ 모양 조각을 뒤집은 방법을 설명해 보세요.

가   나

뒤집기 전   뒤집기 후   뒤집기 전   뒤집기 후

설명하기 가는 모양 조각의 위쪽과 아래쪽이 서로 바뀌었으므로 모양 조각을 위쪽이나 아래쪽으로 뒤집은 것입니다.
나는 모양 조각의 왼쪽과 오른쪽이 서로 바뀌었으므로 모양 조각을 왼쪽이나 오른쪽으로 뒤집은 것입니다.

1 보기 의 모양 조각을 오른쪽으로 뒤집었을 때의 모양으로 알맞은 것에 ◯표 해 보세요.

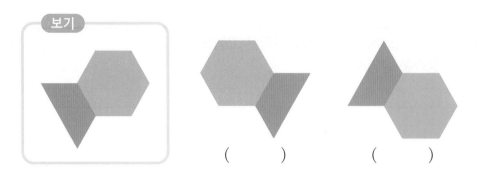

(   )   (   )

2 도형을 화살표 방향으로 뒤집었을 때의 모양을 그려 보세요.

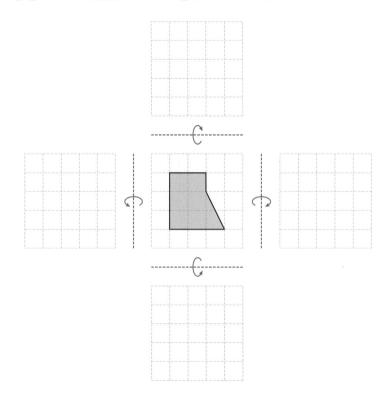

3 어떤 도형을 왼쪽으로 뒤집었을 때의 모양을 보고 뒤집기 전 모양을 그려 보세요.

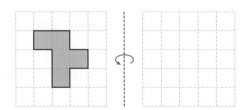

4 왼쪽 모양을 이용하여 오른쪽과 같은 규칙적인 무늬를 만들었습니다. 무늬를 만든 방법을 설명해 보세요.

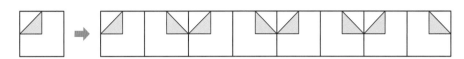

 모양을 _____

step 4 도전 문제

5 도형의 뒤집기에 대해 바르게 설명한 사람을 모두 찾아 이름에 ○표 해 보세요.

가을
도형을 왼쪽으로 7번 뒤집으면 처음 모양과 같아집니다.

봄
도형을 오른쪽으로 뒤집은 모양은 아래쪽으로 뒤집은 모양과 항상 같습니다.

겨울
도형을 오른쪽으로 뒤집은 모양은 왼쪽으로 뒤집은 모양과 항상 같습니다.

여름
도형을 위쪽으로 4번 뒤집으면 처음 모양과 같아집니다.

6 도장은 개인이나 단체의 이름을 새겨 찍을 수 있게 만든 도구입니다. 도장을 찍은 모양이 다음과 같을 때 이 도장 면에 새겨진 모양을 그려 보세요.

도장을 찍은 모양

도장 면에 새겨진 모양

사슴의 뿔

깊은 숲속에 사는 수사슴 한 마리가 깨끗한 옹달샘*을 찾아 물을 마시고 있었다.

"아, 시원하다."

수사슴은 물을 꿀꺽꿀꺽 들이켜고는 자기 모습을 샘물에 이리저리 비추어 보았다. 그리고 뿔을 바라보며 말했다.

"내 뿔은 정말 크고 멋져. 어쩜 이리 아름다울까!"

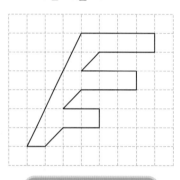

물에 비친 사슴의 뿔

그러나 수사슴은 곧 시무룩해졌다.

"뿔은 멋진데 다리는 왜 이럴까? 가늘고 길기만 하잖아?"

바로 그때 어디선가 으르렁거리는 소리가 들렸다.

"앗! 사자다."

수사슴은 사자를 피해 있는 힘껏 달아나기 시작했다. 볼품없다고 투덜거렸던 다리를 바삐 놀려 사자를 순식간에 따돌리고 몸을 숨겼다.

"휴, 이제는 못 따라오겠지?"

그런데 그때 수사슴의 뿔이 그만 나뭇가지에 걸려 버렸다. 머리를 이리저리 흔들어 보았지만 뿔이 나뭇가지에 단단히 얽혀* 꼼짝도 할 수 없었다. 그 틈을 타서 사자가 수사슴을 향해 달려들었다.

"잡았다!"

사자에게 꼼짝없이 붙들린 수사슴은 눈물을 뚝뚝 흘리며 중얼거렸다.

㉠"겉모습이 멋지다고 꼭 좋은 것만은 아니었구나."

＊**옹달샘**: 작고 오목한 샘
＊**얽히다**: 노끈이나 줄 따위가 이리저리 걸리다.

1 물에 비친 사슴의 뿔 모양을 보고 오른쪽으로 뒤집은 모양을 그려
보세요.

2 사자 얼굴 모양을 위쪽으로 뒤집고 오른쪽으로 뒤집었을 때의 모양을 그려 보세요.

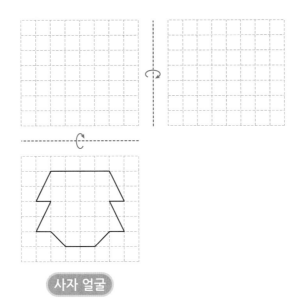

사자 얼굴

3 (가)~(다)에 알맞은 낱말을 보기 에서 찾아 수사슴이 밑줄 친 ㉠과 같이 말한 이유를 완
성해 보세요.

> 수사슴이 불만스러워했던 (가) 덕분에 목숨을 구했지만 수사슴이 자랑스러워했
> 던 (나) 때문에 사자에게 잡아먹힐 위기에 처하자 (다) 이(가) 중요하지 않다
> 는 것을 깨달았기 때문이다.

보기

뿔   다리   겉모습

(가) (   ), (나) (   ),(다) (   )

15

평면도형의 이동

• 평면도형 돌리기

step 1 · 30초 개념

• 평면도형을 여러 방향으로 돌리면
방향만 바뀔 뿐 모양은 변하지 않
습니다.

— 삼각형 ㄱㄴㄷ을 시계 방향
으로 90°, 180°, 270°,
360°만큼 돌리면 돌리는 각
도에 따라 삼각형의 방향이 바
뀝니다.

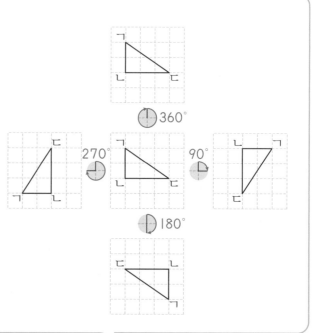

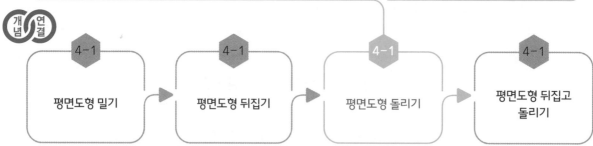

개념 연결

4-1	4-1	4-1	4-1
평면도형 밀기	평면도형 뒤집기	평면도형 돌리기	평면도형 뒤집고 돌리기

step 2 설명하기

질문 ❶ 모양 조각을 여러 방향으로 돌린 그림을 그리고, 모양 조각이 어떻게 변했는지 설명해 보세요.

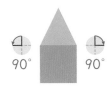

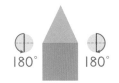

설명하기 모양 조각을 시계 방향으로 90°만큼 돌리면 위쪽에 있는 초록색 삼각형이 오른쪽으로 이동합니다.
모양 조각을 시계 반대 방향으로 90°만큼 돌리면 위쪽에 있는 초록색 삼각형이 왼쪽으로 이동합니다.

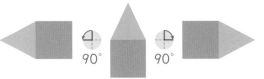

모양 조각을 시계 방향으로 180°만큼 돌리면 위쪽에 있는 초록색 삼각형이 아래쪽으로 이동합니다.
모양 조각을 시계 반대 방향으로 180°만큼 돌려도 위쪽에 있는 초록색 삼각형이 아래쪽으로 이동합니다.

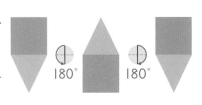

질문 ❷ 모양 조각을 돌린 방법을 설명해 보세요.

가   돌리기 전   돌리기 후   나   돌리기 전   돌리기 후

설명하기 가는 모양 조각의 위쪽과 아래쪽이 서로 바뀌었으므로 모양 조각을 시계 방향으로 180° 돌린 것입니다.
나는 모양 조각의 아래쪽이 오른쪽으로 바뀌었으므로 모양 조각을 시계 방향으로 270° 또는 시계 반대 방향으로 90° 돌린 것입니다.

1 보기 의 모양 조각을 시계 방향으로 90°만큼 돌렸을 때의 모양으로 알맞은 것에 ○표 해 보세요.

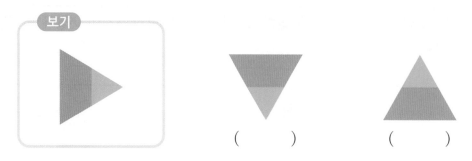

(   )   (   )

2 도형을 시계 방향으로 주어진 각도만큼 돌렸을 때의 모양을 그려 보세요.

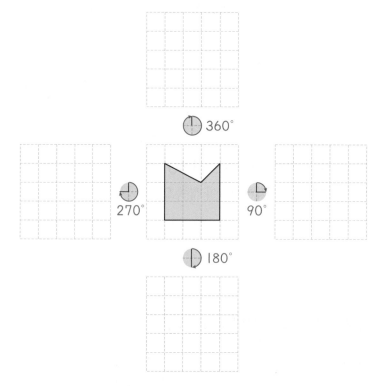

3 도형을 움직인 모양을 보고 ☐ 안에 알맞은 수나 말을 써넣으세요.

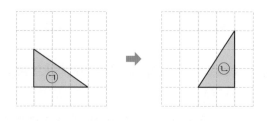

➡ ㉠ 도형을 [   ] 방향으로 [   ]° 돌리면 ㉡ 도형이 됩니다.

4 어떤 도형을 시계 반대 방향으로 270°만큼 돌렸더니 오른쪽과 같은 모양이 되었습니다. 돌리기 전 도형을 그려 보세요.

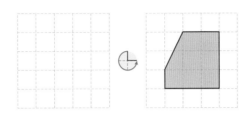

5 왼쪽 모양을 이용하여 오른쪽과 같은 규칙적인 무늬를 만들었습니다. 무늬를 만든 방법을 설명해 보세요.

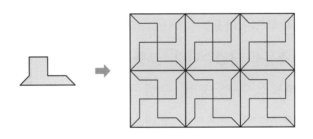

 모양을 _____

step **4** 도전 문제

6 규칙적인 무늬를 보고 무늬가 만들어진 규칙을 설명하는 글을 완성해 보세요.

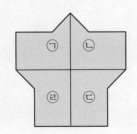

ㄱ을 (   )쪽으로 뒤집으면 ㄴ이 됩니다.

ㄴ을 시계 방향으로 (   )° 돌리면 ㄷ이 됩니다.

ㄷ을 왼쪽으로 (   ) 하면 ㄹ이 됩니다.

ㄱ을 시계 반대 방향으로 (   )° 돌리면 ㄹ이 됩니다.

세계적인 건축가와의 가상 인터뷰

이름	안토니오 가우디
출생	1852. 6. 25.
국적	스페인
직업	건축가
업적	건축물 중 7개가 유네스코 세계 유산으로 지정됨

기자: 간단하게 자기소개를 해 주세요.

가우디: 저는 1852년 가난한 대장장이[*]의 아들로 태어났습니다. 어려서는 학교에서 공부하기를 무척 싫어했지만 열일곱 살 때부터 건축을 공부하여 스페인 바르셀로나를 중심으로 수많은 독창적[*]인 건축물을 남겼습니다.

기자: 대표적인 건축물은 무엇인가요?

가우디: 저는 수많은 건축물을 남겼습니다. 그중 사그라다 파밀리아 성당, 카사 비센스, 구엘 궁전, 구엘 공원, 카사 바트요, 카사 밀라, 구엘 성당의 납골당이 유네스코 세계 유산 위원회로부터 전 세계인을 위해 보호되어야 할 만큼 뛰어난 가치가 있다고 인정받아 세계 유산으로 지정되었습니다.

▲ 사그라다 파밀리아 성당

기자: 가우디 님 건축물의 특징은 무엇인가요?

가우디: 제 건축물은 자연과 아름다운 조화를 이루기로 유명합니다. 건축물은 대부분 직선으로 이루어져 있지만 제 건축물에서는 직선을 거의 찾아볼 수 없습니다. 부드러운 곡선으로 이루어진 건축물이 자연과 잘 어우러지면서 안정감과 편안함을 느낄 수 있게 합니다.

기자: 스페인 바르셀로나 거리를 걸으면서 가우디 님의 작품을 감상할 수도 있다고요?

가우디: 그렇습니다. 보도블록으로 문어, 불가사리, 소라 등 바닷속을 표현했거든요. 무늬가 서로 달라 보이지만 모두 같은 블록을 ［　㉠　］ 만든 것입니다. 이 외에 평면도형의 이동을 이용하여 만든 보도블록도 감상하실 수 있습니다.

[*] **대장장이**: 대장일을 하는 노동자
[*] **독창적**: 새로운 것을 처음으로 만들어 내거나 생각해 내는

▲ 가우디가 디자인한 보도블록

1 가상 인터뷰의 대상은 누구인지 빈칸에 알맞은 말을 써넣으세요.

□□□□□□□

2 집이나 성과 같은 구조물을 목적에 따라 설계하고 흙이나 나무, 돌, 벽돌 등을 써서 세우거나 쌓아 만드는 일을 하는 사람을 무엇이라고 하는지 글에서 찾아 빈칸에 써 보세요.

□□□

3 안토니오 가우디의 건축물에 대한 설명이 <u>아닌</u> 것은? (　　　)

① 가우디의 건축물은 스페인 바르셀로나를 중심으로 많이 남아 있다.
② 카사 밀라는 가우디의 대표적인 건축물 중 하나이다.
③ 가우디의 건축물은 그 가치를 인정받아 세계 유산으로 지정되기도 했다.
④ 가우디의 건축물은 자연과 서로 잘 어울린다.
⑤ 가우디의 건축물은 대부분 직선으로 이루어져 있다.

4 ㉠에 들어갈 도형을 움직인 방법으로 알맞은 것은? (　　　)

① 밀어서　　　　　　② 뒤집어서　　　　　　③ 돌려서
④ 밀고 뒤집어서　　　⑤ 뒤집고 돌려서

5 가우디와 같은 방법으로 △ 모양을 움직여 보도블록을 디자인해 보세요.

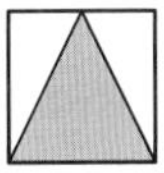

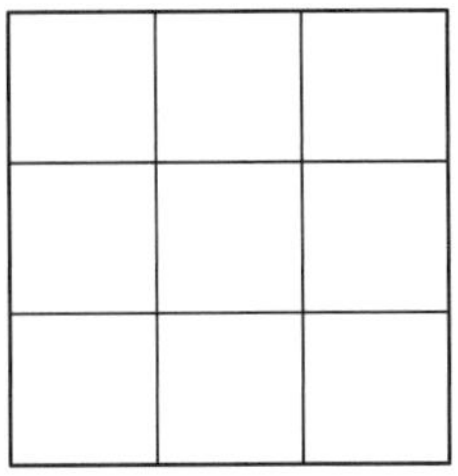

• 평면도형을 여러 방향으로 뒤집고 돌려도 방향만
바뀔 뿐 모양은 변하지 않습니다.
— 삼각형 ㄱㄴㄷ을 아래쪽으로 뒤집고 시계 방향
으로 90°만큼 돌린 도형을 그리면 오른쪽 그
림과 같습니다.

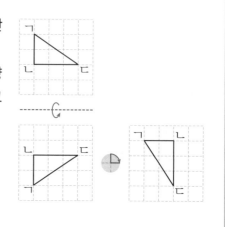

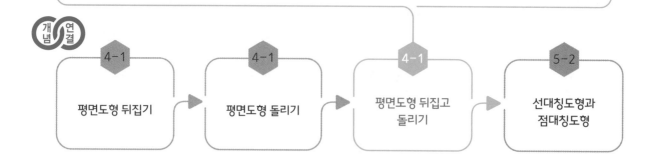

4-1	4-1	4-1	5-2
평면도형 뒤집기	평면도형 돌리기	평면도형 뒤집고 돌리기	선대칭도형과 점대칭도형

질문 ❶　모양 조각을 2가지 방법으로 이동한 그림을 각각 그리고, 두 그림을 비교해 보세요.

설명하기　(1) 모양 조각을 오른쪽으로 뒤집고 시계 방향으로 90°만큼 돌립니다.

(2) 모양 조각을 시계 방향으로 90°만큼 돌리고 오른쪽으로 뒤집습니다.

➡ 모양 조각을 움직인 방법이 같더라도 그 순서가 다르면 결과가 달라질 수 있습니다.

질문 ❷　처음 도형과 움직인 도형을 보고 어떻게 움직인 것인지 설명해 보세요.

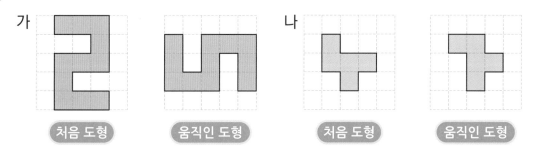

설명하기　가는 처음 도형을 시계 방향으로 90°만큼 돌리고 아래쪽으로 뒤집었습니다.
나는 처음 도형을 시계 반대 방향으로 270°만큼 돌리고 위쪽으로 뒤집었습니다.
이 외에도 여러 가지 방법이 있습니다.

1 도형을 아래쪽으로 뒤집고 시계 방향으로 90°만큼 돌렸을 때의 모양을 각각 그려 보세요.

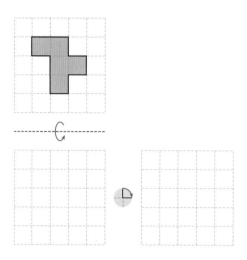

2 도형을 시계 방향으로 90°만큼 돌리고 오른쪽으로 뒤집었을 때의 모양을 각각 그려 보세요.

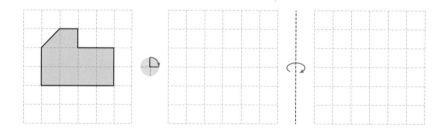

3 도형을 시계 반대 방향으로 90°만큼 두 번 돌리고 위쪽으로 한 번 뒤집었을 때의 모양을 그려 보세요.

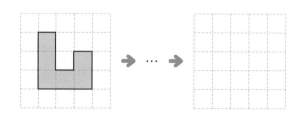

4 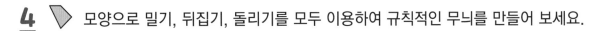 모양으로 밀기, 뒤집기, 돌리기를 모두 이용하여 규칙적인 무늬를 만들어 보세요.

5 도형이 움직인 모양을 보고 움직인 방법을 설명해 보세요.

(설명) _____

6 가을이와 여름이가 같은 도형을 순서를 다르게 하여 뒤집기와 돌리기를 하려고 합니다.
움직인 도형을 각각 그리고, 움직인 도형에 대한 설명으로 알맞은 것에 ○표 해 보세요.

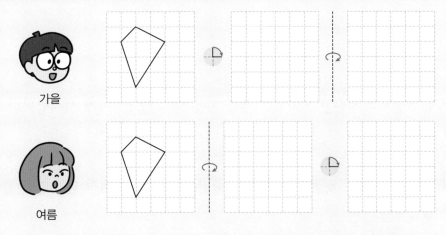

가을이와 여름이가 움직인 도형은 서로 (같습니다 / 다릅니다).

스페인을 대표하는 아름다움, 알람브라 궁전

스페인 그라나다에 위치한 알람브라 궁전 관광객을 모집합니다.

• 관광 일정

❶ 헤네랄리페

: 알람브라의 정원인 헤네랄리페는 낙원*의 정원이라고 불리기도 합니다. 정원 중앙에 설치되어 있는 수로*와 주위의 꽃과 나무가 어우러져서 편안한 분위기를 느낄 수 있습니다.

❷ 나스르 궁전

: 나스르 궁전은 왕이 집무를 보거나 일상생활을 하는 공간이었습니다. 그중 여러 나라에서 온 사절*들을 만나는 데 쓰인 대사의 방은 천장과 벽은 물론 바닥에 이르기까지 정교한 무늬가 수놓아져 있어 보는 이의 탄성을 자아냅니다.

❸ 알카사바

: 알람브라 궁전을 둘러싸고 요새 역할을 하는 알카사바는 알람브라 궁전에서 가장 오래된 건물입니다. 요새 중앙에 있는 탑에 오르면 알람브라 궁전의 내부와 주변의 수려한 경관을 만끽할 수 있습니다.

❹ 카를로스 5세 궁전

: 카를로스 5세 궁전은 알람브라 궁전의 다른 건물들과 이질적인 분위기를 띱니다. 내부 원형 마당을 둘러싼 회랑을 따라 줄지어 늘어선 기둥들이 눈길을 사로잡습니다.

• 가격 안내
 — 1인당 80000원

• 이용 방법
 — 전자 우편으로 전송된 모바일 티켓을 이용 당일 안내자에게 제시합니다.

• 유의 사항
 — 안내자와 만나는 날짜, 시간, 장소를 준수하여 주십시오.
 — 최소 출발 인원은 5명입니다. 최소 출발 인원이 모집되지 않으면 관광이 취소될 수 있습니다.

＊**낙원**: 아무런 괴로움이나 고통 없이 안락하게 살 수 있는 즐거운 곳
＊**수로**: 물이 흐르거나 물을 보내는 통로
＊**사절**: 나라를 대표하여 외국에 파견되는 사람

1 이 글의 목적은? (　　　　)

① 알리기 　　　　　② 초대하기 　　　　　③ 주장하기
④ 질문하기 　　　　　⑤ 반성하기

2 다음 중 이 글의 내용과 <u>다른</u> 것은? (　　　　)

① 이 글은 알람브라 궁전 관광객을 모집하기 위한 글이다.
② 헤네랄리페—나스르 궁전—알카사바—카를로스 5세 궁전 순서로 관광한다.
③ 관광에 참여하기 위해 80000원을 내야 한다.
④ 전자 우편으로 받은 티켓을 관광하는 날 안내자에게 보여 주어야 한다.
⑤ 적어도 6명이 모여야 관광을 시작할 수 있다.

3 알람브라 궁전의 벽면은 다음과 같이 밀기, 뒤집기, 돌리기를 이용하여 만든 규칙적인 무늬로 꾸며져 있습니다. 물음에 답하세요.

 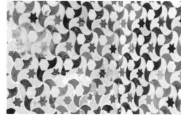 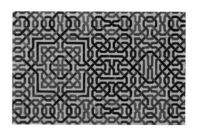

(1) 주어진 도형을 시계 반대 방향으로 180°만큼 돌리고 오른쪽으로 뒤집은 모양을 각각 그려 보세요.

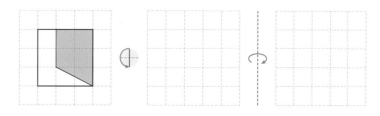

(2) (1)에서 돌리고 뒤집은 모양을 밀기, 뒤집기, 돌리기 하여 규칙적인 무늬를 만들어 보세요.

step 1 · 30초 개념

• 조사한 자료를 막대 모양으로 나타낸 그래프를 막대그래프라고 합니다.

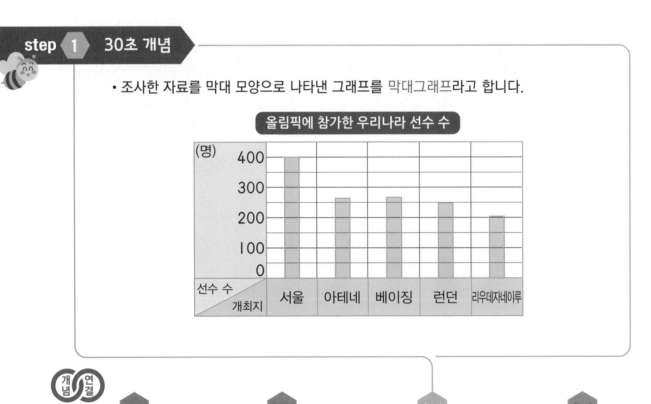

올림픽에 참가한 우리나라 선수 수

3-2	3-1	4-1	4-1
표를 읽고 해석하기	그림그래프 읽고 해석하기	막대그래프의 뜻	막대그래프 그리기

step **2** 설명하기

질문 **1** 올림픽에 참가한 우리나라 선수 수를 나타낸 표를 보고 알 수 있는 것을 설명해 보세요.

올림픽에 참가한 우리나라 선수 수

개최지	서울	아테네	베이징	런던	리우데자네이루
선수 수(명)	401	264	267	248	204

설명하기 ▷ 올림픽에 참가한 우리나라 선수 수를 알 수 있습니다.
서울 올림픽에 가장 많은 우리나라 선수가 참가했습니다.
아테네 올림픽과 베이징 올림픽에 참가한 우리나라 선수 수가 비슷합니다.

질문 **2** 올림픽에 참가한 우리나라 선수 수를 나타낸 표를 막대가 가로인 막대그래프로 나타내고, 표와 막대그래프의 장단점을 설명해 보세요.

설명하기 ▷

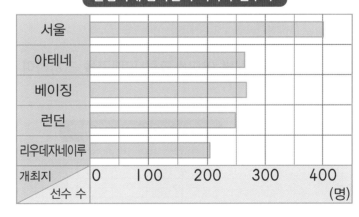

표와 막대그래프의 공통점은 올림픽에 참가한 우리나라 선수 수를 나타내고 있다는 것입니다.
표는 각 자료의 개수를 알아보기에 편리합니다.
표는 각 올림픽에 참가한 우리나라 선수의 전체 합계를 알아보기에 편리합니다.
막대그래프는 우리나라 선수가 가장 많이 참가한 올림픽을 한눈에 알 수 있습니다.
막대그래프는 각 올림픽에 참가한 우리나라 선수 수를 상대적으로 비교하기에 편리합니다.

1 바다네 반 학생들이 좋아하는 과일을 조사하여 나타낸 그래프를 보고 물음에 답하세요.

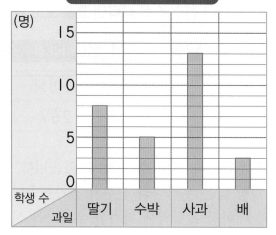

좋아하는 과일별 학생 수

(1) 위와 같은 그래프를 무엇이라고 할까요?　　　　　(　　　　　　)

(2) 막대의 길이는 무엇을 나타낼까요?　　　　　　　(　　　　　　)

(3) 세로 눈금 한 칸은 몇 명을 나타낼까요?　　　　　(　　　　　　)

(4) 좋아하는 학생이 가장 많은 과일은 무엇일까요?　　(　　　　　　)

2 일주일 동안 어느 지역의 가게별 아이스크림 판매량을 조사하여 나타낸 막대그래프를 보고 물음에 답하세요.

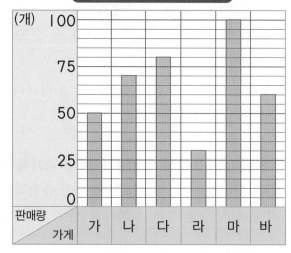

가게별 아이스크림 판매량

(1) 나 가게가 일주일 동안 판매한 아이스크림 수는 몇 개일까요?

(   )

(2) 일주일 동안 아이스크림을 가장 많이 판매한 가게와 그 개수를 써 보세요.

(,   )

(3) 일주일 동안 판매한 아이스크림 수가 **가** 가게보다 적은 가게는 어느 가게일까요?

(   )

(4) 일주일 동안 **다** 가게가 판매한 아이스크림 수는 **바** 가게가 판매한 아이스크림 수 보다 몇 개 더 많을까요?

(   )

step 4 도전 문제

3 다음은 어느 4학년 학생들을 대상으로 봉사 활동을 하고 싶어 하는 학생 수를 조사하여 나타낸 막대그래프입니다. 막대그래프를 보고 알 수 있는 내용을 2가지 써 보세요.

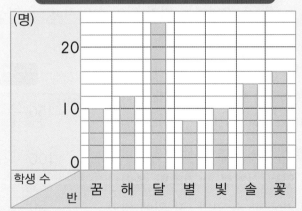

반별 봉사 활동을 하고 싶어 하는 학생 수

알 수 있는 내용

우리나라 강수량의 특징

우리나라는 봄, 여름, 가을, 겨울의 사계절이 뚜렷하게 구분된다. 계절에 따라 기온과 강수*량에 큰 차이가 있기 때문이다. 다음은 우리나라 월별 평균 강수량을 조사하여 나타낸 막대 그래프이다.

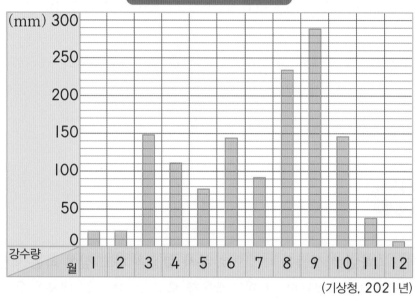

우리나라 월별 평균 강수량

(기상청, 2021년)

표에서 알 수 있듯이 ㉠우리나라 강수량의 대표적인 특징은 여름에 많은 양의 비가 내린다는 것이다. ㉡여름인 6, 7, 8, 9월에는 비가 많이 쏟아지고, ㉢겨울인 1, 2, 12월에는 비가 거의 오지 않는다.

계절별 강수량의 차이 때문에 크고 작은 피해도 발생한다. ㉣여름에 짧은 시간 동안 많은 비가 내리면 하천이 범람하여*주변 지역이 피해를 입을 수 있다. 또한 계절별 산불이 발생한 횟수를 조사하여 나타낸 오른쪽 표에서 알 수 있는 것처럼 ㉤건조한 봄이나 가을에는 산불이 쉽게 발생할 수 있다. 땅 위에 쌓인 낙엽이나 나뭇가지들이 바짝 말라 있기 때문에 작은 불씨가 큰 산불로 번질 위험이 매우 큰 것이다.

그래서 우리나라는 댐이나 저수지를 건설하여 홍수와 가뭄으로 인한 피해를 줄이기 위해 노력하고 있다.

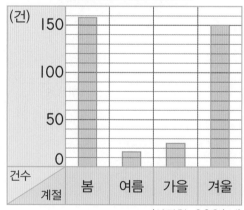

계절별 산불 발생 건수

(산림청, 2021년)

*강수량: 비, 눈, 우박, 안개 따위로 일정 기간 동안 일정한 곳에 내린 물의 총량(단위는 mm)

*평균: 여러 수나 같은 종류의 양의 가운데 값
*하천: 강과 시내를 아울러 가리키는 말
*범람하다: 큰물이 흘러넘치다.

1 밑줄 친 ㉠~㉢ 중 알맞지 <u>않은</u> 것을 찾아 기호를 쓰고, 그 이유를 설명해 보세요.

(   )

이유

2 우리나라의 월별 평균 강수량을 조사하여 나타낸 막대그래프를 보고 물음에 답하세요.

(1) 막대그래프에서 가로와 세로는 각각 무엇을 나타낼까요?

가로 (   ), 세로 (   )

(2) 막대그래프에서 세로 눈금 한 칸은 몇 mm를 나타낼까요?

(   )

(3) 한 해 동안 비가 가장 많이 내린 때는 몇 월일까요?

(   )

(4) 한 해 동안 비가 가장 적게 내린 때는 몇 월일까요?

(   )

3 우리나라의 계절별 산불 발생 건수를 조사하여 나타낸 막대그래프를 보고 알 수 있는 내용을 2가지 써 보세요.

알 수 있는 내용

- 막대그래프 그리는 방법

① 가로와 세로에 무엇을 나타낼 것인지 정합니다.
보통은 가로에 조사한 대상, 세로에 조사한 수량을
나타내지만 서로 바꿀 수도 있습니다.

② 눈금 한 칸의 크기를 정합니다.

③ 조사한 것을 막대로 나타냅니다.

④ 조사한 내용이 잘 나타나게 제목을 씁니다.
또는 ④를 가장 먼저 할 수도 있습니다.

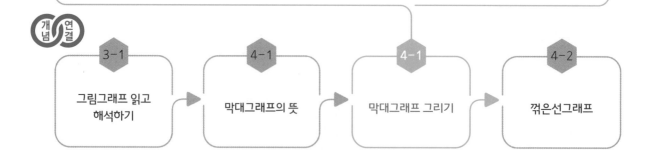

3-1	4-1	4-1	4-2
그림그래프 읽고 해석하기	막대그래프의 뜻	막대그래프 그리기	꺾은선그래프

step 2 설명하기

질문 ❶ 우리 반 학생들이 좋아하는 올림픽 경기 종목을 조사한 표를 막대그래프로 나타내고, 그 방법을 설명해 보세요.

좋아하는 경기 종목별 학생 수

경기 종목	레슬링	유도	사격	태권도	양궁	합계
학생 수(명)	2	2	4	10	8	26

설명하기 막대그래프의 가로와 세로에 각각 경기 종목과 학생 수를 씁니다.
태권도를 좋아하는 학생이 10명이 므로 눈금이 10까지는 있어야 합니다.
세로 눈금의 한 칸은 한 명으로 합니다.

질문 ❷ 위 막대그래프의 가로와 세로를 바꾸어 그리고, 그 방법을 설명해 보세요.

설명하기 막대그래프의 가로와 세로에 각각 학생 수와 경기 종목이 들어갑니다.
가로 눈금 한 칸은 한 명입니다.

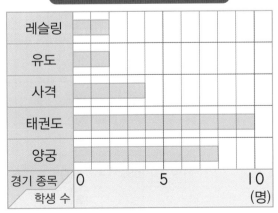

[1~2] 봄이네 모둠 친구들의 25 m 수영 기록을 나타낸 표를 보고 물음에 답하세요.

25 m 수영 기록

이름	봄	여름	가을	겨울
기록(초)	17	15	20	22

1 표를 보고 막대그래프로 나타내어 보세요.

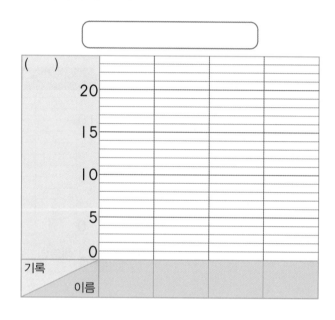

2 가로에는 기록, 세로에는 이름이 나타나도록 막대가 가로인 막대그래프로 나타내어 보세요.

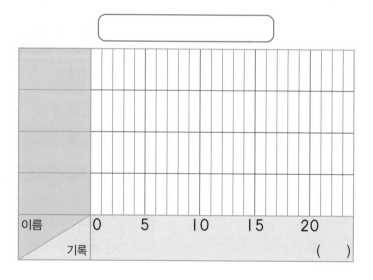

[3~4] 어느 지역의 다음 달 예상 날씨를 조사한 결과를 보고 물음에 답하세요.

다음 달 예상 날씨

일	월	화	수	목	금	토
1	2	3	4	5	6	7
☁	☂	☂	⛅	☁	☂	☀
8	9	10	11	12	13	14
☀	⛅	☂	☂	☂	⛅	⛅
15	16	17	18	19	20	21
☀	☀	🌀	🌀	⛅	☂	☂
22	23	24	25	26	27	28
⛅	☁	☂	☂	☂	☀	⛅
29	30					
☂	☀					

☀ 맑음

⛅ 구름 많음

☁ 흐림

☂ 비

🌀 황사

3 조사한 결과를 표로 정리해 보세요.

날씨						합계
날수(일)						

4 문제 **3**의 표를 보고 막대그래프로 나타내어 보세요.

( )

0

우정초등학교 | **어린이 신문** | 펴낸 곳: 우정초등학교
펴낸 이: 우정초 어린이

(가)

우리 학교 학생들이 친구에게 가장 듣고 싶은 말은 무엇일까요? 우리 학교는 학교 폭력 예방을 위해 '너에게 듣고 싶은 말 공모전*'을 개최하였습니다.

> 우정초등학교
> 너에게 듣고 싶은 말
> 공모전
>
>
>
> 지원 기간: 2022년 6월 8일(수)~6월 14일(목) 18시
> 공모 주제: 평소 친구에게 듣고 싶은 말과 그 이유
> 공모 자격: 우정초등학교 학생 중 희망자
> 접수 방법: 우정초등학교 누리집을 통한 온라인 접수
> 우정초등학교 누리집: www.woojung.online

공모전에는 우리 학교 학생 240명이 참여하였으며, 응답 결과에 따라 친구에게 듣고 싶은 말 5가지를 선정하여 표로 나타낸 결과는 다음과 같습니다.

친구에게 듣고 싶은 말

내용	학생 수(명)
넌 좋은 친구야.	30
같이 놀자.	65
괜찮아, 잘했어.	15
친구가 되어 줘서 고마워.	80
너 정말 잘한다.	50

학생들이 친구에게 가장 듣고 싶은 말은 [㉠]였으며, 그 다음은 [㉡]였습니다.

이번 공모전이 친구에게 따뜻한 말 한마디를 건네는 기회가 되어 학교 폭력을 예방하는 데 기여하기*를 바랍니다.

---

* **개최하다**: 모임이나 회의 등을 주최하거나 열다.
* **기여하다**: 도움이 되도록 이바지하다.

1 이 글의 종류는? (   )

  ① 안내문   ② 기사문   ③ 기행문   ④ 설명문   ⑤ 반성문

2 빈칸 (가)에 들어갈 제목으로 가장 알맞은 것은? (   )

  ① 학교 폭력 예방 방법 — 바르고 고운 말을 쓰자!
  ② 우정초등학교 공모전 개최 — 6월 14일 오후 6시 접수 마감!
  ③ 친구에게 듣고 싶은 말 — 친구가 되어 줘서 고마워!
  ④ 높은 인기를 얻은 공모전 — 우정초등학교 학생 240명 참여!
  ⑤ 친구에게 듣고 싶은 말 — 그 이유는 바로 이것!

3 친구에게 듣고 싶은 말을 조사하여 나타낸 표를 보고 물음에 답하세요.

(1) 막대그래프로 나타내어 보세요.

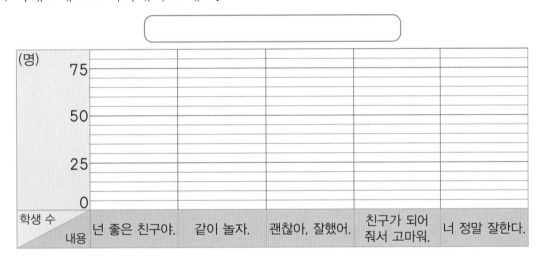

(2) (1)의 막대그래프를 보고 ㉠과 ㉡에 알맞은 말을 찾아 선으로 이어 보세요.

                    •   넌 좋은 친구야.

   ㉠ •   •   같이 놀자.

                    •   괜찮아, 잘했어.

   ㉡ •   •   친구가 되어 줘서 고마워.

                    •   너 정말 잘한다.

• 수의 배열에서 규칙을 찾을 수 있습니다.

10001	10102	10203	10304	10405
20001	20102	20203	20304	20405
30001	30102	30203	30304	30405
40001	40102	40203	40304	40405
50001	50102	50203	50304	50405

규칙 1) 가로로는 오른쪽으로 101씩 커집니다.

규칙 2) 10001부터 오른쪽으로 101씩 커집니다.

규칙 3) 세로로는 아래쪽으로 10000씩 커집니다.

규칙 4) 10001부터 아래쪽으로 10000씩 커집니다.

규칙 5) ↘ 방향으로는 10101씩 커집니다.

규칙 6) 10001부터 ↘ 방향으로 10101씩 커집니다.

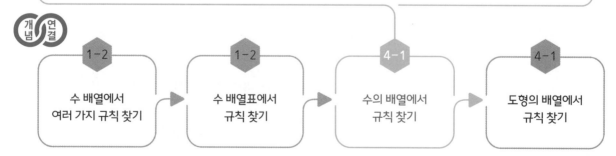

1-2	1-2	4-1	4-1
수 배열에서 여러 가지 규칙 찾기	수 배열표에서 규칙 찾기	수의 배열에서 규칙 찾기	도형의 배열에서 규칙 찾기

step **2** 설명하기

질문 ❶ 건물 안내도에서 규칙을 찾아 설명해 보세요.

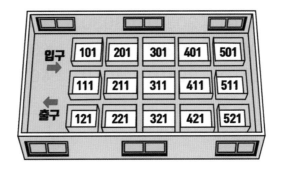

설명하기 방이 3줄이고, 각 줄에는 5개의 방이 있으니 방은 총 15개입니다.
세로로는 아래쪽으로 10씩 커집니다.
가로로는 오른쪽으로 100씩 커집니다.
↘ 방향으로는 110씩 커집니다.
↗ 방향으로는 90씩 커집니다.

질문 ❷ 영화관 좌석표에서 규칙을 찾아 ■와 ●에 들어갈 수를 설명해 보세요.

설명하기 ■의 좌우를 보면 알파벳이 모두 D이고, 수가 오른쪽으로 1씩 커지므로 ■는
D11입니다. 또는 세로로 보면 A11에서 시작하여 알파벳이 순서대로 바뀌고 수
11은 그대로이므로 ■는 D11입니다.
●의 좌우를 보면 알파벳이 모두 G이고, 수가 오른쪽으로 1씩 커지므로 ●는 G9
입니다. 또는 가로로 보면 G7에서 시작하여 알파벳은 그대로이고 수만 1씩 커지
므로 ●는 G9입니다.

1 수 배열표에서 규칙을 찾아 ☐ 안에 알맞은 수를 써넣으세요.

10501	20501	30501	40501	50501
10401	20401	30401	40401	50401
10301	20301	30301	40301	50301
10201	20201	30201	40201	50201
10101	20101	30101	40101	50101

(1) ☐ 부분은 10501부터 시작하여 ↓ 방향으로 ☐ 씩 작아집니다.

(2) ▨ 부분은 10101부터 시작하여 ↗ 방향으로 ☐ 씩 커집니다

2 수 배열표를 보고 물음에 답하세요.

1005	1025	1045	1065	1085
3005	3025	3045	3065	3085
5005	5025	5045	5065	5085
7005	7025	7045	7065	7085
9005	9025	9045	9065	9085

(1) ☐ 부분에서 규칙을 찾아보세요.

규칙 _____

(2) ▨ 부분에서 규칙을 찾아보세요.

규칙 _____

3 규칙을 찾아 빈칸에 알맞은 수를 써넣으세요.

20101	21102	22103	23104	24105
30101	31102		33104	34105
40101	41102	42103	43104	
50101		52103	53104	54105
60101	61102		63104	64105

4 달력의 수 배열을 보고 물음에 답하세요.

(1) ■ 부분에서 규칙적인 계산식을 한 개 찾아보세요.

( )

(2) ■ 부분에서 규칙적인 계산식을 한 개 찾아보세요.

( )

(3) ■ 부분에서 규칙적인 계산식을 한 개 찾아보세요.

( )

일	월	화	수	목	금	토
					1	2
3	4	5	6	7	8	9
10	11	12	13	14	15	16
17	18	19	20	21	22	23

step 4 도전 문제

5 수 배열표를 보고 물음에 답하세요.

	5001	5102	5203	5304	5405
13	4	5	6	7	8
14	5	6	7		9
15	6		8	9	0
16	7	8	9	0	

(1) 수 배열표에서 규칙을 찾아 2가지를 써 보세요.

규칙

(2) 빈칸에 알맞은 수를 써넣으세요.

어울림 음악회 안내

행복시는 뜨거운 여름철 무더위에 지친 여러분을 위해 편안한 휴식을 즐길 수 있는 음악회를 마련했습니다. 아름다운 음악 선율이 잠시나마 무더위를 잊게 해 줄 것입니다.

일시: 2023년 7월 8일 토요일 오전 11시, 오후 4시
장소: 행복 문화관 ○○ 홀
공연 시간: 100분
관람 연령: 만 8세부터 관람 가능

관람권 예매 안내	사전 예매	• 신청일: 7월 1일 금요일 오전 10시부터 선착순 예매 • 신청 방법: 행복시 누리집(www.haengbok.go.kr)에서 1인당 1매만 예매 가능 • 유의 사항: 예약 취소는 공연일 2일 전까지만 가능합니다. 예약 취소 없이 행사에 참여하지 않으신 분은 이후 행복시 행사에 참여하실 수 없습니다.
	현장 예매	• 신청일: 공연 당일 공연 시작 2시간 전부터 선착순 예매 • 신청 대상: 만 64세보다 나이 많은 어르신 및 장애인만 해당되며, 반드시 신분증을 가지고 오시기 바랍니다.
관람 안내		• 공연 시작 10분 전까지 입장하여 주시기 바랍니다. 공연 시작 이후에는 입장하실 수 없습니다. • 공연장 내부로 음료를 포함한 음식물을 반입할 수 없습니다. • 공연 시작 이후에는 사진 촬영 및 동영상 촬영을 할 수 없습니다.

＊**연령**: 나이
＊**당일**: 일이 있는 바로 그날
＊**반입**: 운반하여 들여옴.

1 다음 중 글의 내용에 맞는 것에 ○표, 틀린 것에 ✕표 해 보세요.

(1) 2023년 7월 8일 토요일에 음악회가 두 번 열린다. (   )

(2) 나이가 만 11세인 어린이는 음악회를 관람할 수 없다. (   )

(3) 나 혼자 나와 내 동생의 관람권 2매를 사전 예매할 수 있다. (   )

(4) 간단한 간식을 먹으며 음악회를 관람할 수 있다. (   )

2 현장에서 관람권을 예매할 수 있는 사람은? (   )

① 만 8세의 초등학생   ② 만 70세의 할아버지

③ 만 60세의 할머니   ④ 신분증이 없고 다리가 불편한 장애인

⑤ 나라를 위해 희생한 국가 유공자

3 이 글에서 '먼저 와 닿는 차례'를 뜻하는 낱말을 찾아 빈칸에 써 보세요.

☐☐☐

4 공연장 좌석 배치도의 일부를 보고 물음에 답하세요.

무대					
A6	A7	A8	A9	A10	A11
B6	B7	B8	B9	B10	B11
C6	C7	C8	C9		C11
D6	D7		D9	D10	D11
	E7	E8	E9	E10	E11

출입구   출입구

(1) 좌석 배치도에서 규칙을 찾아 2가지를 써 보세요.

규칙

(2) 빈칸에 알맞은 좌석 번호를 써넣으세요.

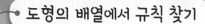

이번에는 내가 퀴즈를 낼게. 셋째에 들어갈 쌓기나무의 개수는?

첫째는 1개, 둘째는 8개, ……

넷째는 64개야. 그럼 셋째는 ……

힌트를 줄게. 같은 수를 세 번 곱해야 해.

step 1 30초 개념

• 도형의 배열에서 규칙을 찾고 다음 단계를 예상합니다.

첫째	둘째	셋째	넷째	다섯째

— 모형의 수가 1개, 4개, 9개, 16개와 같이 단계가 넘어갈 때마다 3개, 5개, 7개 늘어납니다.

— 정사각형 모양으로 가로, 세로의 개수가 같으므로 모형의 수는 1×1, 2×2, 3×3, 4×4로 늘어납니다.

— 다섯째 모양은 연결큐브가 가로 5개, 세로 5개로 이루어진 정사각형 모양이므로 모형의 수는 $5 \times 5 = 25$(개)입니다.

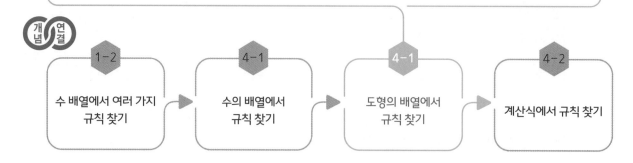

개념 연결

1-2	4-1	4-1	4-2
수 배열에서 여러 가지 규칙 찾기	수의 배열에서 규칙 찾기	도형의 배열에서 규칙 찾기	계산식에서 규칙 찾기

질문 ❶ 　모형의 배열을 보고 규칙을 찾아 설명해 보세요.

설명하기 　모형을 1개에서 시작하여 오른쪽과 위쪽으로 각각 1개씩 늘어나게 연결합니다.
모형이 첫째부터 순서대로 배열되어 있어 과정을 한눈에 볼 수 있고 규칙 찾기가
쉽습니다.
모두 ㄴ자 모양으로 점점 커지며 1개, 3개, 5개, 7개로 늘어납니다.

질문 ❷ 　도형의 배열에서 규칙을 찾고 다음 단계를 예상해 보세요.

첫째　　　　둘째　　　　셋째　　　　넷째　　　　다섯째

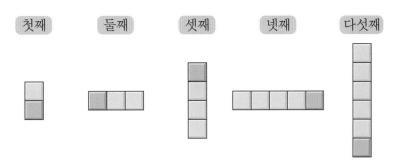

설명하기 　분홍색 도형을 기준으로 보면 파란색 도형이 첫째는 위쪽으로 1개, 둘째는 오른
쪽으로 2개, 셋째는 아래쪽으로 3개, 넷째는 왼쪽으로 4개, 다섯째는 위쪽으로
5개가 연결되어 있습니다.
규칙을 정리하면 분홍색 도형을 중심으로 파란색 도형이 시계 방향으로 돌면서
그 수가 1개, 2개, 3개, ……로 늘어납니다.
개수는 2개에서 시작하여 3개, 4개, 5개, ……로 1개씩 늘어나는 규칙입니다.
여섯째 도형은 분홍색 도형을 기준으로 파란색 도형이 오른쪽으로 6개 연결되어
있는 모양입니다.

1 도형의 배열을 보고 다섯째에 알맞은 모양을 그려 보세요.

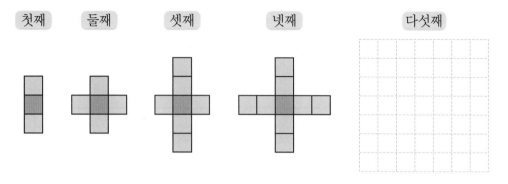

| 첫째 | 둘째 | 셋째 | 넷째 | 다섯째 |

2 규칙에 따라 다섯째, 일곱째에 알맞은 도형을 그려 보세요.

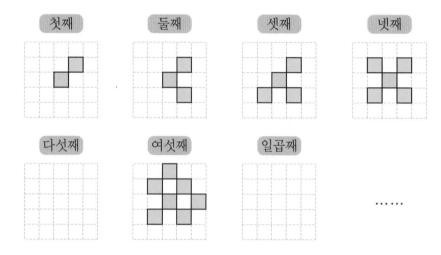

3 바둑돌을 규칙적으로 배열했습니다. ☐ 안에 알맞은 수를 써넣으세요.

	첫째	둘째	셋째	넷째
곱셈식	1 × 2	2 × 3	3 × ☐	4 × ☐
수	2	☐	☐	☐

4 도형의 배열을 보고 물음에 답하세요.

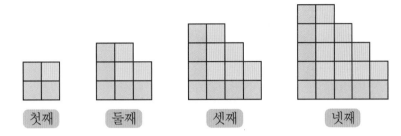

첫째   둘째   셋째   넷째

(1) 다섯째에 알맞은 모양을 그려 보세요.

다섯째

(2) 일곱째 도형에는 초록색과 노란색 사각형이 각각 몇 개씩 있는지 구해 보세요.

(,   )

step 4 도전 문제

5 도형의 배열을 보고 물음에 답하세요.

첫째   둘째   셋째   넷째   다섯째

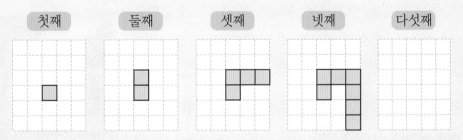

(1) 도형의 배열에서 규칙을 찾아 써 보세요.

규칙 _____

(2) 다섯째에 알맞은 도형을 그려 보세요.

여름 방학 숙제로 견학 기록문을 쓰기 위해 지난주 주말 경복궁을 방문했다.

조선을 세운 태조 이성계는 한양을 도읍지로 정한 뒤, 1395년 경복궁을 세웠다. 경복궁이라는 이름은 태조 이성계를 도와 조선을 세운 정도전이 붙인 이름이다. 조선이 오래도록 큰 복을 누리라는 뜻으로 지었다고 한다.

경복궁은 가슴 아프게도 1592년 임진왜란으로 건물 대부분이 불에 탔으나 고종 때인 1867년 다시 제 모습을 찾았다. 그러나 일제 강점기에 또다시 거의 대부분이 철거당하고 극히 일부만 남게 되었다. 다행히도 1990년부터 복원 사업을 통해 옛 모습을 되찾아 가고 있다.

내가 가장 먼저 들른 곳은 경복궁에서 가장 크고 웅장한 건물인 근정전이다. 근정전은 왕이 즉위하거나 외국의 사신을 맞이하는 등 큰 행사를 치르던 곳이다. 근정전 안쪽에는 왕의 어좌가 설치되어 있다. 어좌 뒤에는 왕권을 상징하는 해, 달, 다섯 봉우리의 산이 그려진 「일월오봉도」가 있고, 천장에는 칠조룡이 조각되어 있다.

▲ 경복궁 근정전

다음으로 향한 곳은 왕이 밥을 먹고, 잠을 자는 등 일상생활을 하던 곳인 강녕전이다. '강녕'이라는 말은 왕이 늘 편안하기를 바란다는 뜻을 가지고 있다.

▲ 강녕전 내부 천장 무늬

마지막으로 간 곳은 자경전이다. 자경전은 왕의 어머니인 대비가 생활하던 공간이다. 자경전 후원에는 여러 가지 색으로 글자나 무늬를 넣은 아름다운 꽃담이 있다. 이 꽃담에는 대비의 장수를 비는 뜻으로 십장생이 새겨져 있다. 십장생은 죽지 않고 오래 사는 열 가지로 해, 산, 물, 돌, 소나무, 구름, 불로초, 거북, 학, 사슴을 가리킨다고 한다. 어머니를 사랑하는 왕의 애틋한 마음이 느껴졌다.

▲ 자경전 돌담

하루 종일 경복궁을 둘러보고 나니 마치 조선 시대를 여행한 기분이었다. 오랜 시간 동안 걷느라 힘들기도 했지만 뿌듯한 하루였다.

＊도읍지: 그 나라의 수도
＊복원: 원래대로 회복함.
＊어좌: 임금의 자리

1 글쓴이가 다녀온 곳은 어디인지 빈칸에 알맞은 말을 써넣으세요.

☐☐☐

2 다음 중 글을 읽고 알 수 있는 내용이 <u>아닌</u> 것은? (   )

① 경복궁이 지어진 시기
② 경복궁이라는 이름의 뜻
③ 경복궁의 역사
④ 경복궁에서 크고 중요한 행사를 치르던 곳의 이름
⑤ 경복궁에서 왕과 왕비가 일상생활을 하던 곳의 이름

3 글쓴이는 강녕전 내부의 천장 무늬를 보고 연결큐브를 이용하여 다음과 같은 모양 배열을 만들었습니다. 물음에 답하세요.

첫째　　둘째　　셋째　　넷째

(1) 다섯째에 알맞은 모양을 색칠해 보세요.

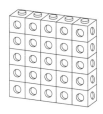

다섯째

(2) 모양의 배열에서 규칙을 찾아 표를 완성해 보세요.

순서	첫째	둘째	셋째	넷째	다섯째
덧셈식	1	1+3			
곱셈식	1×1	2×2			
수	1	4			

• 여러 가지 계산식에서 규칙을 찾을 수 있습니다.

순서	덧셈식
첫째	$1+2+1=4$
둘째	$1+2+3+2+1=9$
셋째	$1+2+3+4+3+2+1=16$
넷째	$1+2+3+4+5+4+3+2+1=25$
다섯째	

― 덧셈식의 가운데 수가 1씩 커지고 있습니다.

― 덧셈의 결과가 덧셈식의 가운데 수를 두 번 곱한 것과 같습니다.

― 더하는 수의 개수가 처음 3개에서 5개, 7개, 9개로 2씩 커지고 있습니다.

― 다섯째 빈칸에 알맞은 덧셈식은

$1+2+3+4+5+6+5+4+3+2+1=6×6=36$입니다.

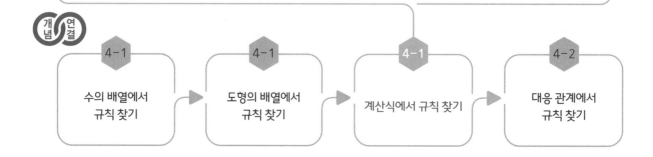

step 2 설명하기

질문 ❶ 주사위 2개를 굴려서 나온 눈의 수로 결과가 7이 되는 덧셈식과 결과가 0이 되는 뺄셈식을 모두 만들어 표로 나타내어 보세요.

설명하기 두 눈의 수의 합은 최소 2(1+1)부터 최대 12(6+6)까지 나올 수 있습니다.
두 눈의 수의 차는 최소 0(1−1, 2−2, ……)부터 최대 5(6−1)까지 나올 수 있습니다.

덧셈식	뺄셈식
1+6=7	1−1=0
2+5=7	2−2=0
3+4=7	3−3=0
4+3=7	4−4=0
5+2=7	5−5=0
6+1=7	6−6=0

질문 ❷ 달력의 색칠한 부분을 보고 계산식을 만들어 그 규칙을 설명해 보세요.

일	월	화	수	목	금	토
1	2	3	4	5	6	7
8	9	10	11	12	13	14
15	16	17	18	19	20	21
22	23	24	25	26	27	28
29	30	31				

설명하기 가로 배열에서 오른쪽으로 1씩 커지는 규칙이 있으므로

규칙 1 가로 배열에서 규칙적인 계산식은 8+1=9, 9+1=10, ……, 13+1=14 등이 있습니다.

규칙 2 가로 배열에서 규칙적인 계산식은 15+1=16, 16+1=17, ……, 20+1=21 등이 있습니다.

1 계산식의 규칙에 따라 ☐ 안에 알맞은 수를 써넣으세요.

순서	덧셈식	뺄셈식
첫째	$104+401=505$	$999-111=888$
둘째	$114+411=525$	$☐-222=666$
셋째	$124+421=545$	$777-333=444$
넷째	$134+☐=565$	$666-444=222$
다섯째	$144+441=585$	$555-555=0$

2 계산식의 규칙을 보고 물음에 답하세요.

$$987-876=111$$
$$876-765=111$$
$$765-654=111$$
$$654-☐=111$$

(1) 규칙에 따라 ☐ 안에 알맞은 수를 써넣으세요.

(2) 규칙에 따라 빼는 수가 321일 때의 뺄셈식을 써 보세요.

뺄셈식 _____

3 곱셈식의 규칙을 이용하여 나눗셈식의 ☐ 안에 알맞은 수를 써넣으세요.

순서	곱셈식	나눗셈식
첫째	$3\times37=111$	$111\div3=37$
둘째	$6\times37=222$	$222\div☐=37$
셋째	$9\times37=333$	$333\div9=☐$
넷째	$12\times37=444$	$☐\div☐=☐$

4 나눗셈식의 배열을 보고 물음에 답하세요.

첫째	$3 \div 3 = 1$	$4 \div 4 = 1$
둘째	$9 \div 3 \div 3 = 1$	
셋째	$27 \div 3 \div 3 \div 3 = 1$	
넷째	$81 \div 3 \div 3 \div 3 \div 3 = 1$	

(1) 나누는 수가 3일 때 다섯째에 알맞은 계산식을 써 보세요.

계산식 _____

(2) 계산식의 규칙에 따라 빈칸에 알맞은 식을 써넣으세요.

step **4** 도전 문제

5 곱셈식을 보고 물음에 답하세요.

순서	곱셈식
첫째	$1 \times 1 = 1$
둘째	$11 \times 11 = 121$
셋째	$111 \times 111 = 12321$
넷째	$1111 \times 1111 = 1234321$

(1) 규칙을 찾아 써 보세요.

규칙 _____

(2) 규칙에 따라 계산 결과가 12345654321인 곱셈식을 써 보세요.

$$\boxed{} \times \boxed{} = 12345654321$$

계산기는 언제, 어떻게 만들어졌을까?

인류 역사상 최초의 계산기는 주판이라고 할 수 있다. 주판은 수를 사용하지 않고 계산을 할 수 있는 도구이다. 먼 옛날에는 돌멩이가 주판알 노릇을 하는 주판을 사용하기도 했다.

오늘날과 같은 계산기는 1642년 프랑스의 수학자인 파스칼이 처음 <u>선보였다.</u> 파스칼의 아버지는 세금*과 관련한 일을 도맡아* 하는 공무원이었다. 매일 돈 계산을 하고 계산이 맞았는지 일일이 확인해야 했다. 이를 보던 파스칼은 0부터 9까지의 숫자가 쓰여 있는 여러 개의 톱니바퀴가 서로 맞물려 돌아가면서 덧셈과 뺄셈을 계산하는 계산기를 발명했다. 한 자리의 톱니바퀴의 숫자가 9를 넘으면 자동으로 다음 자리의 톱니바퀴가 한 칸 돌아가고 원래 자리는 0으로 돌아가도록 만든 것이다.

◀ 파스칼과
파스칼의 계산기

그러나 아쉽게도 파스칼의 계산기로는 오로지 덧셈과 뺄셈만 할 수 있었다. 이 문제를 해결한 사람은 독일의 수학자인 라이프니츠였다. 그는 1671년 곱셈과 나눗셈도 할 수 있는 계산기를 만들었다. 라이프니츠도 파스칼과 마찬가지로 톱니바퀴를 이용했는데, 곱셈과 나눗셈을 할 수 있도록 여러 겹의 톱니바퀴를 추가하여 계산기를 더욱 발전시켰다. 훗날 라이프니츠의 계산기는 오늘날 널리 사용되는 컴퓨터를 발명하는 데 큰 영향을 미치기도 했다.

◀ 라이프니츠와
라이프니츠의 계산기

* **세금**: 국가가 필요한 곳에 사용하기 위해 국민으로부터 강제로 거두어들이는 돈
* **도맡다**: 혼자서 책임을 지고 모든 것을 돌보거나 해내다.

1 이 글의 주제로 가장 알맞은 것은? (   )

① 계산기의 유래   ② 계산기의 발전 과정
③ 계산기를 발명한 사람   ④ 계산기를 사용하는 까닭
⑤ 세계 여러 나라의 계산기

2 다음 중 밑줄 친 '선보이다'의 뜻은? (   )

① 물건의 좋고 나쁨을 알아보게 하다   ② 상대방에게 정중하게 드리다
③ 아무렇게나 힘차게 던지다   ④ 용감하게 희생을 무릅쓰다
⑤ 자신의 생각이나 의견을 제기하다

3 다음 중 파스칼이 발명한 계산기에 대해 잘못 설명한 사람의 이름에 ○표 해 보세요.

파스칼은 아버지가 돈과 관련한 계산을 하는 수고를 덜어 드리기 위해 계산기를 발명했어.

파스칼의 계산기로는 덧셈, 뺄셈, 곱셈, 나눗셈을 할 수 있었어.

파스칼의 계산기는 여러 개의 톱니바퀴가 돌아가면서 계산을 하도록 만들어졌어.

가을

봄

여름

4 계산기를 이용하여 나눗셈식을 계산한 결과를 보고 물음에 답하세요.

$$1111111101 \div 9 = 123456789$$
$$2222222202 \div 18 = 123456789$$
$$3333333303 \div 27 = 123456789$$
$$4444444404 \div 36 = 123456789$$

$$\boxed{} \div \boxed{} = \boxed{}$$

(1) 나눗셈식의 배열에서 규칙을 찾아 ☐ 안에 알맞은 수를 써넣으세요.

(2) 규칙에 따라 **72**로 나누었을 때 몫이 **123456789**가 되는 수를 구해 보세요.

(   )

step 3 개념 연결 문제 (012~013쪽)

1 10000 또는 1만, 만 또는 일만

2 풀이 참조

3 ✕

4 (1) (앞에서부터) 9960, 9990

   (2) (앞에서부터) 9700, 9900

   (3) (앞에서부터) 8000, 9000

5 (위에서부터) 1000, 100, 10, 1

6 가을

step 4 도전 문제 ·········· 013쪽

7 10000원

---

1 1000이 10개인 수를 10000 또는 1만이라 쓰고, 만 또는 일만이라고 읽습니다.

2 1000이 10개인 수가 10000이므로 1000을 10개만큼 색칠합니다.

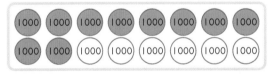

3 1000이 10개인 수가 10000이므로 1000원짜리가 10개 있어야 10000원입니다.

100이 100개인 수가 10000이므로 100원짜리가 100개 있어야 10000원입니다.

10이 1000개인 수가 10000이므로 10원짜리가 1000개 있어야 10000원입니다.

4 (1) 10씩 커지는 규칙입니다. 9950보다 10만큼 더 큰 수는 9960이고 9980보다 10만큼 더 큰 수는 9990입니다.

   (2) 100씩 커지는 규칙입니다. 9600보다 100만큼 더 큰 수는 9700이고 9800

보다 100만큼 더 큰 수는 9900입니다.

   (3) 1000씩 커지는 규칙입니다. 7000보다 1000만큼 더 큰 수는 8000이고 8000보다 1000만큼 더 큰 수는 9000입니다.

5 10000은 9000보다 1000만큼, 9900보다 100만큼, 9990보다 10만큼, 9999보다 1만큼 더 큰 수입니다.

6 9950보다 50만큼 더 작은 수는 9900이므로 가을이가 10000을 잘못 설명했습니다.

7 포도주스 1잔은 2000원입니다. 2000이 3개인 수는 6000이므로 포도주스 3잔은 6000원입니다. 딸기주스 1잔은 4000원입니다.

따라서 내야 하는 금액은 모두 10000원입니다.

---

step 5 수학 문해력 기르기 015쪽

1 검소, 깨끗   **2** ③

3 10000냥   **4** ②

5 풀이 참조; 3000냥

---

1 '청렴결백'은 '마음이나 행동이 맑고 검소하며 깨끗하고 순수하다'라는 표현입니다.

2 옳지 않은 방법으로 재물을 얻어서는 안 된다는 어머니의 가르침대로 전직은 청렴결백한 관리가 되었으므로 알맞은 속담은 아들이 여러 면에서 어머니를 닮았을 경우를 이르는 속담인 그 어미에 그 아들입니다.

3 1000냥씩 10상자 있으므로 모두 10000냥입니다.

4 ① 9000냥보다 100냥만큼 더 많은 돈은 9100냥입니다.

   ② 9900냥보다 100냥만큼 더 많은 돈은 10000냥입니다.

③ 9990냥보다 10냥만큼 더 적은 돈은 9980냥입니다.

④ 9999냥보다 1냥만큼 더 적은 돈은 9998냥입니다.

⑤ 9800냥보다 200냥만큼 더 적은 돈은 9600냥입니다.

5 10000은 7000보다 3000만큼 더 큰 수이므로 3000냥을 더 돌려주어야 합니다.

---

02 다섯 자리 수

step **3** 개념 연결 문제　　018~019쪽

1 (앞에서부터) 50000, 800
2 (위에서부터) 삼만 구천오백육십사, 54273, 육만 팔천십삼, 80947
3 (앞에서부터) 60000, 500
4 (1) (앞에서부터) 50000, 4000, 300, 8
　 (2) (앞에서부터) 90000, 1000, 200, 40
5 86530, 팔만 육천오백삼십

step **4** 도전 문제　　019쪽

6 43576　　　　　**7** 84500원

---

1 만의 자리 5는 50000을 나타내고, 백의 자리 8은 800을 나타냅니다.

3 만의 자리 6은 60000을 나타내고, 백의 자리 5는 500을 나타내므로
$64539=60000+4000+500+30+9$
입니다.

4 (1) $54308=50000+4000+300+8$
　 (2) $91240=90000+1000+200+40$

6 4만보다 크고 5만보다 작은 수
　 → 만의 자리: 4
　 일의 자리는 짝수 → 6

천의 자리 수는 백의 자리 수보다 작고, 백의 자리 수는 십의 자리 수보다 작은 수
→ 천의 자리 수: 3, 백의 자리 수: 5,
　 십의 자리 수: 7
따라서 설명하는 수는 43576입니다.

7 50000원짜리 지폐 1장: 50000원,
10000원짜리 지폐 2장: 20000원,
1000원자리 지폐 14장: 14000원,
100원짜리 동전 5개: 500원
따라서 저금통에 들어 있는 돈은 모두 84500원입니다.

---

step **5** 수학 문해력 기르기　　021쪽

1 ⑤
2 시작이 반이다에 ○표
3 (앞에서부터) 30000, 9000, 200, 70, 2
4 봄

---

1 '말없이 잠잠하게'라는 의미를 가진 '묵묵히'와 바꾸어 쓸 수 없는 표현은 '떠들썩하게'입니다.

2 '100리를 가는 사람은 90리가 반이다.'는 무슨 일이나 시작은 쉽지만 끝맺기가 어렵다는 뜻이므로 이와 반대되는 속담은 무슨 일이든지 시작하기가 어렵지 일단 시작하면 반 이상 한 것이나 다름없으므로 끝마치기는 그리 어렵지 않다는 뜻을 가진 '시작이 반이다.'입니다.

3 39272에서 만의 자리 3은 30000, 천의 자리 9는 9000, 백의 자리 2는 200, 십의 자리 7은 70, 일의 자리 2는 2를 나타냅니다.

4 35345는
$35345=30000+5000+300+40+5$
로 나타낼 수 있습니다.

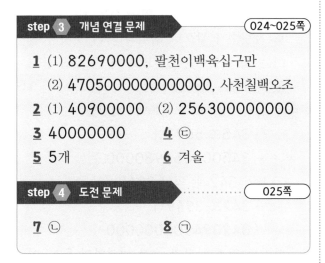

03 십만, 백만, 천만, 억, 조

step 3 개념 연결 문제 ...... 024~025쪽

1 (1) 82690000, 팔천이백육십구만
  (2) 4705000000000000, 사천칠백오조
2 (1) 40900000 (2) 256300000000
3 40000000 **4** ㉢
5 5개 **6** 겨울

step 4 도전 문제 025쪽

7 ㉡ **8** ㉠

1 (1) 만이 8269개인 수는 8269만입니다.
따라서 82690000이라 쓰고, 팔천이백
육십구만이라고 읽습니다.
  (2) 조가 4705개인 수는 4705조입니다.
따라서 4705000000000000라 쓰고,
사천칠백오조라고 읽습니다.
2 (1) 1000만이 4개, 10만이 9개인 수는
4090만입니다. 따라서 40900000입
니다.
  (2) 1000억이 2개, 100억이 5개, 10억이
6개, 1억이 3개인 수는 2563억입니다.
따라서 256300000000입니다.
3 149203907에서 4는 천만의 자리 숫자이
므로 40000000을 나타냅니다.
4 각 수에서 천억의 자리 숫자를 알아보면
  ㉠ 83163283740000 → 1
  ㉡ 2192728294000 → 1
  ㉢ 421043023500323 → 0
  ㉣ 921843023900243 → 1
따라서 천억의 자리 숫자가 다른 것은 ㉢입
니다.
5 육백사십억 팔백만 삼천구십칠은 640억
800만 3097이므로 64008003097입니
다. 따라서 0은 모두 5개입니다.

6 2020년 우리나라 청소년 인구는
8542000명입니다. 854만 2000은 팔백
오십사만 이천이라고 읽습니다.
7 각 수에서 숫자 8이 나타내는 값을 알아보면
  ㉠ 9428<u>1</u>3290 → 800000
  ㉡ 63<u>1</u>84720 → 80000
  ㉢ 274<u>8</u>3 → 80
  ㉣ 10<u>8</u>34 → 800
  ㉤ 38709241755 → 8000000000
따라서 숫자 8이 80000을 나타내는 수는
㉡ 63184720입니다.
8 각 수에서 숫자 4가 나타내는 값을 알아보면
  ㉠ 9<u>4</u>2813290 → 40000000
  ㉡ 6318<u>4</u>720 → 4000
  ㉢ 27<u>4</u>83 → 400
  ㉣ 1083<u>4</u> → 4
  ㉤ 38709241755 → 40000
따라서 숫자 4가 나타내는 값이 가장 큰 수
는 ㉠ 942813290입니다.

step 5 수학 문해력 기르기 027쪽

1 ⑤ **2** ①
3 ①, ④, ⑤ **4** ㉠
5 ㉠ 130억 ㉡ 46억 ㉢ 2억 2000만
  ㉣ 440만

1 이 글은 책을 읽은 후 자신이 몰랐던 사실에
대해 느끼는 생각이나 내용에 대한 감상을
자유롭게 표현한 독서 감상문입니다.
2 글쓴이는 지구가 어떻게 생겨났고, 언제부터
인간이 지구에 살게 되었는지 궁금했기 때문
에 이 책을 읽었습니다.
3 ① 우주에서 아주 큰 폭발이 일어난 것은 백
삼십억 년 전입니다.

3

④ 호모 사피엔스가 나타난 것은 이십만 년 전입니다.

⑤ 이 책을 읽고 지구가 탄생하여 인간이 등장하기까지의 과정을 알게 되었습니다.

4 ㉠의 1은 백억의 자리 숫자이므로 10000000000을 나타내고, ㉡의 4는 십억의 자리 숫자이므로 4000000000을 나타내고, ㉢의 2는 일억의 자리 숫자이므로 200000000을 나타내고, ㉣의 4는 백만의 자리 숫자이므로 4000000을 나타냅니다.

5 ㉠: 130ː0000ː0000 → 130억

㉡: 46ː0000ː0000 → 46억

㉢: 2ː2000ː0000 → 2억 2000만

㉣: 440ː0000 → 440만

04 큰 수 크기 비교

step 3 개념 연결 문제 ▶ 030~031쪽

1 (1) (앞에서부터) 5, 3, 7, 4, 0, 0, 0, 0;
>; 6, 1, 9, 8, 0, 0, 0

(2) (앞에서부터) 4, 3, 2, 4, 0, 0, 0;
<; 4, 3, 8, 2, 0, 0, 0

2 (1) > (2) < **3** 봄

4 ㉡

5 901386200에 △표,
8274352100에 ○표

step 4 도전 문제 ▶ 031쪽

6 0, 1, 2, 3, 4, 5

7 미국, 중국, 일본, 독일

2 (1) 542636895 > 84636895
  9자리 수   8자리 수

(2) 728만 6539 < 7302만 6923
  7자리 수   8자리 수

3 24536823900 > 20455085360
  (11자리 수)   (11자리 수)

봄이와 여름이가 들고 있는 수는 11자리 수로 자릿수가 같으나 십억의 자리 숫자가 봄이는 4, 여름이는 0이므로 더 큰 수를 들고 있는 사람은 봄이입니다.

4 ㉠ 삼백사십오조 오천육백구십삼만
 → 345조 5693만
 → 345000056930000,

㉡ 조가 342개, 억이 3949개인 수
 → 342조 3949억
 → 342394900000000

따라서 일조의 자리 수를 비교하면 5 > 2이므로 더 작은 수는 ㉡입니다.

5 8274352100 > 8231372000
  (10자리 수)   (10자리 수)
      > 901386200
        (9자리 수)

따라서 가장 큰 수는 8274352100이고, 가장 작은 수는 901386200입니다.

6 756932와 75□986은 십만의 자리, 만의 자리, 백의 자리 수가 서로 같고 십의 자리 수가 3 < 8이므로 □ 안에는 6보다 작은 수가 들어갈 수 있습니다. 따라서 □ 안에 들어갈 수 있는 수는 5, 4, 3, 2, 1, 0입니다.

7 중국과 미국의 자동차 수는 9자리 수이고, 일본과 독일의 자동차 수는 8자리 수입니다. 중국과 미국의 자동차 수를 높은 자리 수부터 차례대로 비교하면 억의 자리 수는 모두 같고 천만 자리 수가 더 큰 미국의 자동차 수가 더 많습니다.

일본과 독일의 자동차 수를 높은 자리 수부터 차례대로 비교하면 천만 자리 수가 더 큰 일본의 자동차 수가 더 많습니다.

따라서 자동차 수가 많은 나라부터 차례로 쓰면 미국, 중국, 일본, 독일입니다.

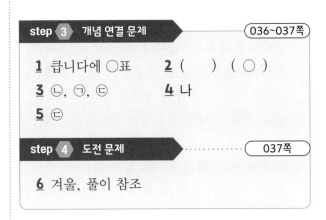

1 태양계   **2** ④

3 수성   **4** 해왕성

5 수성, 금성, 지구, 화성, 목성, 토성, 천왕
성, 해왕성

2 ① 수십만 개가 넘는 소행성들이 태양의 둘
레를 돌고 있습니다.

② 태양계는 태양의 영향을 받는 천체들을
통틀어 부르는 말입니다.

③ 태양은 목성보다 큽니다.

⑤ 우리 은하에는 천억 개가 넘는 태양과 같
은 크기의 별이 있습니다.

3 지구형 행성은 수성, 금성, 지구, 화성입니
다. 태양과 각 행성 사이의 거리를 비교하면
수성: 57900000 km (8자리 수),
화성: 228000000 km (9자리 수),
지구: 149600000 km (9자리 수),
금성: 108200000 km (9자리 수)
태양과 수성 사이의 거리는 8자리 수, 화성,
지구, 금성 사이의 거리는 9자리 수이므로
태양과 수성이 가장 가깝습니다.

4 목성형 행성은 목성, 해왕성, 토성, 천왕성입
니다. 태양과 각 행성 사이의 거리를 비교하면
목성: 778300000 km (9자리 수),
해왕성: 4497000000 km (10자리 수),
토성: 1427000000 km (10자리 수),
천왕성: 2900000000 km (10자리 수)
목성을 제외한 태양과 해왕성, 토성, 천왕성
사이의 거리는 모두 10자리 수로 같고, 높은
자리 수부터 차례대로 비교하면 십억의 자리
수가 가장 큰 해왕성이 태양에서 가장 멀리
떨어져 있습니다.

5 해왕성, 토성, 천왕성은 10자리 수, 목성,
화성, 지구, 금성은 9자리 수, 수성은 8자리
수이므로 태양과 수성이 가장 가깝습니다.

자리 수가 9인 목성, 화성, 지구, 금성은 높
은 자리 수부터 차례대로 비교하면 금성, 지
구, 화성, 목성 순으로 태양과 가깝습니다.
자리 수가 10인 해왕성, 토성, 천왕성은 높
은 자리 수부터 차례대로 비교하면 토성, 천
왕성, 해왕성순으로 태양과 가깝습니다.

1 큽니다에 ○표   **2** ( ) (○)

3 ㉡, ㉠, ㉢   **4** 나

5 ㉢

6 겨울, 풀이 참조

1 가 부채의 벌어진 정도가 나 부채의 벌어진
정도보다 더 크므로 가는 나보다 각의 크기가
더 큽니다.

2 각의 두 변끼리 벌어진 정도가 더 작은 것을
찾아야 합니다.

3 각의 벌어진 정도가 클수록 큰 각입니다.

4 가 시계의 시곗바늘이 나 시계의 시곗바늘보
다 더 많이 벌어져 있으므로 크기가 더 작은
것은 나입니다.

5 ㉠ 세 친구들이 두 팔을 벌린 정도는 모두 다
르므로 만든 각의 크기도 모두 다릅니다.

㉡ 여름이가 두 팔을 벌려 만든 각의 크기가
가장 작습니다 .

6 각의 크기는 변의 길이가 아니라 변이 벌어
진 정도에 따라 결정되므로 각의 크기가 가
장 작은 각이 나인 이유는 각의 두 변이 벌어
진 정도가 가장 작기 때문입니다.

1 ④   **2** 풀이 참조

3 고약   **4** ⑤

5 ㉰, ㉯, ㉮

---

1 이 글은 글쓴이가 정확히 알려지지 않고 오래전부터 전해 내려오는 이야기입니다.

2 솔직하게 냄새가 난다고 대답하면 잡아먹히고, 거짓으로 냄새가 나지 않는다고 대답해도 잡아먹히기 때문입니다.

4 여우는 사자에게 잡아먹힐 위기에 처했지만 현명하게 대처하였습니다. 따라서 이 이야기를 통해 얻을 수 있는 교훈으로 가장 적절한 속담은 아무리 위급한 경우를 당하더라도 정신만 똑똑히 차리면 위기를 벗어날 수 있다는 뜻을 가진 ⑤입니다.

5 사자의 입이 벌어진 정도를 비교하여 각의 크기를 비교하면 각의 크기가 큰 것부터 ㉰, ㉯, ㉮입니다.

---

06 각의 크기와 각 그리기

1 (1) 65   (2) 130

2 (앞에서부터) 50, 110, 155

3 ㉢, ㉣, ㉠, ㉡   **4** 풀이 참조

5 풀이 참조   **6** ㉠: 40°, ㉡: 35°

---

1 (1) 각의 한 변이 안쪽 눈금 0에 맞춰져 있으므로 안쪽 눈금인 65를 읽어야 합니다.

(2) 각의 한 변의 바깥쪽 눈금 0에 맞춰져 있으므로 바깥쪽 눈금인 130을 읽어야 합니다.

2 각도기의 중심을 각의 꼭짓점을 맞추고 각도기의 밑금을 각의 한 변에 맞춘 후 나머지 변이 만나는 눈금을 읽습니다.

3 ① 자를 이용하여 각의 한 변 ㄴㄷ을 그립니다.

② 각도기의 중심과 점 ㄴ을 맞추고, 각도기의 밑금과 각의 한 변 ㄴㄷ을 맞춥니다.

③ 각도기의 밑금에서 시작하여 각도가 70°가 되는 눈금에 점 ㄱ을 표시합니다.

④ 각도기를 떼고, 자를 이용하여 변 ㄱㄴ을 그어 각도가 70°인 각 ㄱㄴㄷ을 완성합니다.

4 ① 자를 이용하여 한 변을 그립니다.

② 각도기의 중심에 한 점을 맞추고, 각도기의 밑금에 변을 맞춥니다.

③ 각도기의 밑금에서 시작하여 각도가 37°, 145°가 되는 눈금에 점을 각각 표시합니다.

④ 각도기를 떼고 자를 이용하여 한 변을 그어 각을 완성합니다.

위와 같은 방법으로 자와 각도기를 이용하여 37°, 145°를 그립니다.

5 각도기에서 숫자 0이 위치한 밑금과 맞닿은 왼쪽 변에서 시작하여 벌어진 정도를 재어야 하므로 45가 아니라 바깥쪽 눈금 135를 읽어야 합니다.

6 각도기의 밑금과 맞닿은 선분에서 시작하여 벌어진 정도를 재어 보면 ㉠의 각도는 40°입니다.

㉡의 각도는 눈금 0에서 시작하여 눈금 75까지의 선분 사이의 벌어진 정도와 눈금 0에서 눈금 40까지의 선분 사이의 벌어진 정도의 차를 생각하면 75°−40°=35°임을 알 수 있습니다.

<u>1</u> 바른 자세
<u>2</u> 척추, 목, 어깨, 장기
<u>3</u> (위에서부터) (×) (○); (○) (×)
; (×) (○)
<u>4</u>

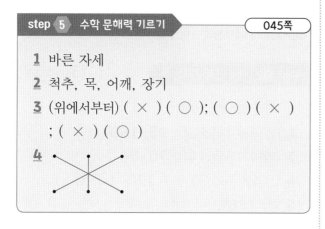

<u>1</u> 이 글은 바른 자세로 앉아야 한다고 주장하
는 글입니다.
<u>2</u> 바르지 않은 자세로 앉아서 척추가 휘면 목
과 어깨가 아프고, 척추에 밀린 장기가 제 기
능을 하지 못할 수도 있기 때문입니다.
<u>3</u> 앉아 있을 때는 등을 구부리지 않고, 등과 허
리를 펴고 의자 안쪽까지 깊숙이 앉아야 합
니다.
서 있을 때는 귀, 어깨, 무릎이 일직선이 되
어 바닥과 90도를 유지해야 하며, 한쪽 다리
에만 체중을 싣고 서지 않아야 합니다.
걸을 때는 구부린 자세로 걷지 않고, 무릎과
등을 곧게 펴고 다리와 두 무릎이 스칠 정도
로 거의 일자에 가깝게 걸어야 합니다.
<u>4</u> 척추가 휜 각도가 15도인 경우 규칙적인 운
동을 하면서 치료할 수 있고, 30도인 경우
자세 교정기를 착용해야 하며, 50도인 경우
수술이 필요합니다.

07 예각과 둔각

<u>1</u>

<u>2</u> 예각: 20°, 61°
직각: 90°
둔각: 100°, 94°, 155°
<u>3</u> 풀이 참조   <u>4</u> 1개, 3개

<u>5</u> 나, 풀이 참조   <u>6</u> 둔각

<u>1</u> 각도가 0°보다 크고 직각보다 작은 각을 예
각, 각도가 직각보다 크고 180°보다 작은
각을 둔각이라고 합니다.
<u>2</u> 예각: 각도가 0°보다 크고 직각보다 작은 각
은 20°, 61°입니다.
직각: 90°
둔각: 각도가 직각보다 크고 180°보다 작은
각은 94°, 100°, 155°입니다.
<u>3</u> 예각: 각도가 0°보다 크고 직각보다 작은 각
을 그립니다.
둔각: 각도가 직각보다 크고 180°보다 작은
각을 그립니다.
예

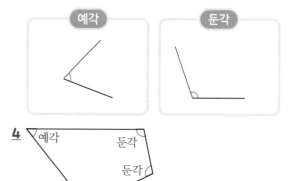

<u>4</u>

<u>5</u> 각도가 0°보다 크고 직각보다 작은 각이 예
각이므로 각도가 90°인 나는 직각입니다.
<u>6</u> 운동을 끝마친 시각은 9시 30분입니다. 9시
30분은 두 바늘이 이루는 작은 쪽의 각이 직
각보다 크고 180°보다 작으므로 둔각입니다.

1 시차

2 (1) ○ (2) ○ (3) × (4) ×

3 ④

4 그리니치 천문대, 15, 1, 시차, 24, 360

5 예각: 모스크바, 뉴욕

  직각: 베이징, 카이로

  둔각: 서울, 런던

2 (3) 영토가 동서로 넓은 나라는 한 나라 안에
  서 지역마다 시차가 발생한다.

  (4) 중국은 영토가 동서로 넓어서 시차가 발
  생하지만 나라의 정책에 따라 시간을 하
  나만 사용합니다.

3 ㉮의 앞은 한 나라 안에서도 지역마다 시차
  가 발생한다는 내용이고, 뒤는 다른 나라일
  지라도 시차가 발생하지 않는다는 내용입니
  다. 따라서 앞의 내용과 반대되는 내용을 이
  끌 때 쓰는 '그런데'가 가장 적절한 낱말입니
  다.

4 세계 시간은 영국의 그리니치 천문대를 기준
  으로 15°마다 1시간씩 시차가 발생합니다.
  그 까닭은 지구가 하루 24시간 동안 한 바
  퀴인 360°를 돌기 때문입니다. 시차는 같은
  나라 안에서 지역마다 발생하기도 하고, 다
  른 나라여도 발생하지 않기도 합니다.

5 예각: 두 바늘이 이루는 작은 쪽의 각이 0°
  보다 크고 직각보다 작은 각인 경우는 오전
  2시, 오후 10시입니다. → 뉴욕, 모스크바

  직각: 두 바늘이 이루는 작은 쪽의 각이 90°
  인 경우는 오전 9시, 오후 3시입니다. → 카
  이로, 베이징

  둔각: 두 바늘이 이루는 작은 쪽의 각이 직각
  보다 크고 180°보다 작은 각인 경우는 오전
  7시, 오후 4시입니다. → 런던, 서울

08 각도의 합과 차

1 (1) 155 (2) 98

2 (앞에서부터) 135, 25, 160

3 (앞에서부터) 140, 70, 70

4 (1) 48 (2) 77 (3) 220 (4) 90

5 합: 186°, 차: 114°

6 90°에 ○표 **7** 합: 70°, 차: 40°

1 두 각도의 합과 차는 자연수의 덧셈과 뺄셈
  의 계산 방법과 같습니다.

  (1) $40° + 115° = 155°$

  (2) $125° - 27° = 98°$

2 왼쪽 각의 각도는 135°이고, 오른쪽 각의
  각도는 25°이므로 두 각도의 합은
  $135° + 25° = 160°$입니다.

3 왼쪽 각의 각도는 140°이고, 오른쪽 각의
  각도는 70°이므로 두 각도의 차는
  $140° - 70° = 70°$입니다.

4 두 각도의 합과 차는 자연수의 덧셈과 뺄셈
  의 계산 방법과 같습니다.

  (1) $48° + 42° = 90°$

  (2) $180° - 77° = 103°$

  (3) $120° + 100° = 220°$

  (4) $160° - 90° = 70°$

5 각도가 가장 큰 각은 150°이고, 가장 작은
  각은 36°입니다.

  합: $150° + 36° = 186°$

  차: $150° - 36° = 114°$

6 주어진 삼각자 2개로 각을 겹치면 각의 차가
  되고, 각을 붙이면 각의 합이 됩니다.

  $15° = 45° - 30°$ 또는 $15° = 60° - 45°$

  $60° = 90° - 30°$

$$105°=60°+45°$$
$$135°=90°+45°$$

7 두 각도의 합: $55°+15°=70°$
두 각도의 차: $55°-15°=40°$

step **5** 수학 문해력 기르기   057쪽

1 ①　　　　　　　**2** ②

3 (앞에서부터) 55, 30, 25

4 희성

---

1 ① 광고문을 읽을 때에는 더 많은 물건을 팔기 위해 물건의 좋은 점을 과장하거나 거짓으로 소개하지 않는지 꼼꼼히 따져 보아야 합니다.

2 ② 받침대의 각도 조절 기능에 대한 내용은 글의 (나) 부분에 나옵니다.

3 2단계 받침대의 각도를 재어 보면 $30°$이고, 5단계 받침대의 각도를 재어 보면 $55°$입니다. 따라서 받침대의 각도를 $55°-30°=25°$ 높인 것입니다.

4 똑똑 받침대는 매우 견고한 재료를 사용하여 튼튼하게 만들었기 때문에 노트북 컴퓨터를 올려놓는 데 사용할 수도 있습니다.

---

09 삼각형의 세 각의 크기의 합

step **3** 개념 연결 문제   060~061쪽

1 (1) 예 (앞에서부터) 70, 80, 30, 180
  (2) 예 (앞에서부터) 120, 50, 110, 80, 360

2 (1) 35　(2) 75

3 (1) 60　(2) 110

4 (1) 62　(2) 232

step **4** 도전 문제   061쪽

5 산에 ○표, 풀이 참조

6 50°

---

1 (1) 삼각형의 세 각을 각도기로 재어 보면 ㉠: $70°$, ㉡: $80°$, ㉢: $30°$이므로 삼각형의 세 각의 크기의 합은 $180°$입니다.
  (2) 사각형의 네 각을 각도기로 재어 보면 ㉠: $120°$, ㉡: $50°$, ㉢: $110°$, ㉣: $80°$이므로 사각형의 네 각의 크기의 합은 $360°$입니다.

2 (1) 삼각형의 세 각의 크기의 합은 $180°$이므로 ㉠$=180°-80°-65°=35°$입니다.
  (2) 사각형의 네 각의 크기의 합은 $360°$이므로 ㉡$=360°-120°-80°-85°=75°$입니다.

3 (1) 삼각형의 세 각의 크기의 합은 $180°$이므로 나머지 한 각의 크기는
$180°-90°-30°=60°$입니다.
  (2) 사각형의 네 각의 크기의 합은 $360°$이므로 나머지 한 각의 크기는
$360°-110°-60°-80°=110°$입니다.

4 (1) 삼각형의 세 각의 크기의 합은 $180°$이므로 ㉠$+$㉡$=180°-118°=62°$입니다.
  (2) 사각형의 네 각의 크기의 합은 $360°$이므로 ㉠$+$㉡$=360°-70°-58°=232°$입니다.

5 사각형 네 각의 크기의 합은 $360°$인데, 산이가 잰 네 각의 크기의 합은 $350°$입니다.

6 ㉠$=180°-90°-70°=20°$이고,
㉡$=180°-95°-55°=30°$입니다.
따라서 ㉠과 ㉡의 각도의 합은
$20°+30°=50°$입니다.

step **5** 수학 문해력 기르기   063쪽

1 주인이 되었다에 ○표; 오만해졌다에 ○표;
  페가수스의 등에서 떨어졌다에 ○표
2 ③   **3** 풀이 참조

1 첫 번째 부분: 지혜의 여신 아테나의 도움을
  얻어 벨레로폰은 페가수스의 주인이 되었습
  니다.
  두 번째 부분: 벨레로폰은 키메라를 해치우고
  오만해져서 자신을 신이라고 생각했습니다.
  세 번째 부분: 제우스의 분노를 산 벨레로폰
  은 페가수스의 등에서 떨어져 땅으로 곤두박
  질쳤습니다.
2 연이은 승리에 오만해져 자신을 신이라고 생
  각하다가 페가수스를 잃게 된 벨레로폰의 이
  야기가 말하고자 하는 바로 가장 적절한 것
  은 '지위가 높아질수록 겸손한 태도를 지녀야
  한다.'입니다.
3 사각형의 네 각의 크기의 합은 삼각형 4개의
  세 각의 크기의 합에서 안쪽 각의 크기의 합
  인 360°를 빼어 구합니다.

10 (세 자리 수) × (두 자리 수)

step **3** 개념 연결 문제   066~067쪽

1 (1) 4200, 42000
  (2) 2160, 21600
  (3) 1968, 19680
2 (1) 6750   (2) 19968
  (3) 14214   (4) 34086
3 (1) 55080   (2) 35905
4 ㉡, ㉢, ㉣, ㉠   **5** 풀이 참조
6 28, 29, 30

step **4** 도전 문제   067쪽

7 풀이 참조; 470×60=28200,
  28200
  28200원
8 풀이 참조

1 (1) 70은 7의 10배이므로
    600×7=4200
    → 600×70=42000입니다.
  (2) 40은 4의 10배이므로
    540×4=2160
    → 540×40=21600입니다.
  (3) 60은 6의 10배이므로
    328×6=1968
    → 328×60=19680입니다.
3 (1) 612×90=55080

$$\begin{array}{r} 6\ 1\ 2 \\ \times\ \ \ \ 9\ 0 \\ \hline 5\ 5\ 0\ 8\ 0 \end{array}$$

  (2) 835×43=35905

$$\begin{array}{r} 8\ 3\ 5 \\ \times\ \ \ 4\ 3 \\ \hline 2\ 5\ 0\ 5 \\ 3\ 3\ 4\ 0 \\ \hline 3\ 5\ 9\ 0\ 5 \end{array}$$

4 ㉠ 257×24=6168
  ㉡ 321×28=8988
  ㉢ 283×30=8490
  ㉣ 429×18=7722
  곱이 큰 것부터 쓰면 ㉡, ㉢, ㉣, ㉠입니다.
5

$$\begin{array}{r} 5\ 2\ 9 \\ \times\ \ \ 4\ 3 \\ \hline 1\ 5\ 8\ 7 \\ 2\ 1\ 1\ 6 \\ \hline 2\ 2\ 7\ 4\ 7 \end{array}$$

  잘못된 계산에서는 529×4=2116으로 계

산했습니다. 실제로는 $529 \times 40 = 21160$ 으로 계산해야 합니다.

6 계산한 결과가 9000보다 크고, 10000보다 작아야 합니다.

$324 \times 31 = 10044$, $324 \times 30 = 9720$

$324 \times 29 = 9396$, $324 \times 28 = 9072$

$324 \times 27 = 8748$

따라서 □에는 28, 29, 30이 들어갈 수 있습니다.

7 ㉺ 현민이는 슈퍼에서 한 개에 470원인 초콜릿을 60개 사려고 합니다. 돈을 얼마 내야 할까요?

8

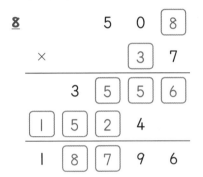

이미지에 들어가는 값들:

$$\begin{array}{ccccc} & \underline{5} & 0 & \boxed{8} \\ \times & & \boxed{3} & 7 \\ \hline & 3 & \boxed{5} & \boxed{5} & \boxed{6} \\ \boxed{1} & 5 & \boxed{2} & 4 \\ \hline 1 & 8 & \boxed{7} & 9 & 6 \end{array}$$

step 5 수학 문해력 기르기 069쪽

1 환율   **2** 9200원

3 대한민국   **4** 3382원

5 봄: ×, 여름: ○, 가을: ○, 겨울: ×

2 1위안은 184원입니다.

따라서 $184 \times 50 = 9200$(원)입니다.

3 세계 여러 나라의 빵 가격을 우리나라 돈으로 바꾸어 나타내면

대한민국: 12000원,

중국: $184 \times 45 = 8280$(원),

호주: $895 \times 12 = 10740$(원)입니다.

따라서 대한민국의 빵 가격이 가장 비쌉니다.

4 기념품의 가격을 우리나라의 돈으로 바꾸어

나타내면 2022년 11월 25일 환율로

$993 \times 38 = 37734$(원)이고, 다음 날 환율로 $904 \times 38 = 34352$(원)입니다.

따라서 $37734 - 34352 = 3382$(원) 손해입니다.

5 봄: × → 환율은 항상 일정하지 않고 수시로 변합니다.

겨울: × → 환율이 오를 경우 외국에서 물건을 사 올 때 더 많은 우리나라 돈을 내야 합니다.

11 (세 자리 수) ÷ (몇십)

step 3 개념 연결 문제 072~073쪽

1 풀이 참조; 7

2 480÷80에 ○표

3 (1) 풀이 참조; (위에서부터) 5, 300, 300, 45

(2) 풀이 참조; (위에서부터) 6, 420, 420, 56

4 (1) 7 (2) 3   **5** ㉡, ㉠, ㉣, ㉢

6 26, 27, 28, 29

step 4 도전 문제 073쪽

7 703

8 (1) 16 (2) 160 (3) 320

(4) 240, 15

1

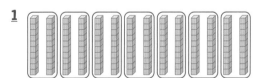

140을 20씩 묶으면 7묶음이므로

$140 ÷ 20 = 7$입니다.

2 $460 ÷ 80 = 5 \cdots 60$, $480 ÷ 80 = 6$이므로 나누어떨어지는 식은 $480 ÷ 80$입니다.

3 (1)
$$
\begin{array}{r}
5 \\
60\overline{\smash{)}345} \\
\underline{300} \\
45
\end{array}
$$
(2)
$$
\begin{array}{r}
6 \\
70\overline{\smash{)}476} \\
\underline{420} \\
56
\end{array}
$$

4 (1) □0×8=560이므로 □=7입니다.

(2) □0×9를 계산한 값에 나머지 3을 더하면 273이므로 □=3입니다.

5 ㉠ 360÷50=7…10,

㉡ 541÷60=9…1,

㉢ 498÷90=5…48,

㉣ 200÷30=6…20입니다.

따라서 몫이 큰 것부터 순서대로 기호를 쓰면 ㉡, ㉠, ㉣, ㉢입니다.

6 500÷20=25이고 600÷20=30입니다.
따라서 25<□<30에 알맞은 수를 구하면 26, 27, 28, 29입니다.

7
$$
\begin{array}{r}
\square\,\square \\
80\overline{\smash{)}7\,\square\,\square} \\
\underline{64\,\square} \\
63
\end{array}
$$
에서 80×7=560,

80×8=640, 80×9=720이므로 몫은 8입니다.

따라서 나누어지는 수는 나누는 수 80과 몫 8의 곱에 나머지 63을 더한 703입니다.

8 (1) 큰 수에서 작은 수를 나눈 몫이 16이므로 작은 수가 1이면 큰 수는 16입니다.

(2) 작은 수가 10이면 큰 수는 160입니다.

(3) 작은 수가 20이면 큰 수는 320입니다.

(4) 두 수의 곱이 3600일 때 작은 수는 10과 20 사이에 있습니다.

(작은 수)×16=(큰 수)

→ (큰 수)×(작은 수)=3600

10×16=160 → 160×10=1600,

11×16=176 → 176×11=1936,

12×16=192 → 192×12=2304,

13×16=208 → 208×13=2704,

14×16=224 → 224×14=3136,

15×16=240 → 240×15=3600

작은 수가 15, 큰 수가 240일 때 조건에 맞습니다.

1 뱀, 발   **2** ②

3 풀이 참조; 200 mL

4 풀이 참조; 4컵

2 가장 먼저 뱀을 그렸지만 욕심을 부리다가 쓸데없이 일을 덧붙여 일을 그르쳤으므로 알맞지 않은 것은 ②입니다.

3 ㉠÷60=3…20이므로 60×3=180, 180+20=㉠입니다. ㉠=200이므로 물 한 병에 든 물은 200 mL입니다.

4 118÷30=3…28이고, 물을 남김없이 모두 컵에 따라 마시려면 적어도 4컵을 마셔야 합니다.

12 (세 자리 수)÷(두 자리 수)

1 6에 ○표   **2** ㉢, ㉣

3 (1) 풀이 참조; (위에서부터) 8, 536, 536, 0

(2) 풀이 참조; (위에서부터) 25, 675, 675, 10

4 536÷67=8   **5** 풀이 참조

6 풀이 참조   **7** 다희, 풀이 참조

1 292÷48을 300÷50으로 어림하여 계산하면 몫은 6입니다.

2 (세 자리 수)÷(두 자리 수)에서 나누는 수에 10을 곱한 수가 나누어지는 수와 같거나 작으면 몫은 두 자리 수이므로 $700÷16$과 $888÷37$입니다.

3 (1)
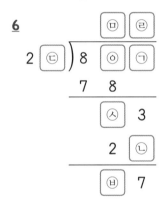

```
        8
67) 5 3 6
    5 3 6
        0
```

(2)
```
       2 5
27) 6 8 5
    5 4
    1 4 5
    1 3 5
        1 0
```

4 $67×8=536$이므로 536은 67로 나누어떨어집니다.

5
```
       2 7
28) 7 8 3
    5 6
    2 2 3
    1 9 6
        2 7
```

6
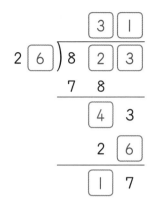

⊙: 일의 자리 수가 3이므로 ⊙은 3입니다.
ⓒ: 일의 자리 수 3에서 어떤 수를 뺐을 때 7이 나오려면 6이 들어가야 합니다.
ⓒ: ⓒ이 6이면 나누는 수가 26이 되므로, ⓒ은 6입니다.
ⓔ: ⓒ 6, ⓒ 6이므로 몫의 일의 자리 수는 1입니다.
ⓜ: ⓜ과 나누는 수의 곱이 78이 되려면 ⓜ은 3이어야 합니다.
ⓗ: ⓗ은 0 또는 1일 수 있습니다. 그러나 나머지를 07이라고 쓰지 않기 때문에 ⓗ은 1이고 ⓐ은 4, ⓞ은 2가 됩니다.

```
     3 1
26) 8 2 3
    7 8
    4 3
    2 6
    1 7
```

7 열매: $500÷24=20⋯20$에서 $24×20=480$, $480+20=500$이므로 알맞은 말을 했습니다.
서현: $800÷16=50⋯0$이므로 알맞은 맞을 했습니다.
다희: $450÷35=10⋯30$에서 $35×10=350$, $350+30=380$이므로 잘못된 말을 했습니다.

---

step 5 수학 문해력 기르기 081쪽

1
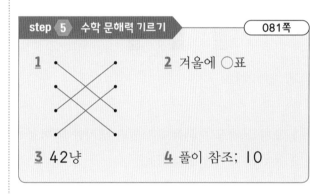

2 겨울에 ○표

3 42냥

4 풀이 참조; 10

1 물에 빠진 사람을 건져 놓으니 오히려 물에 떠내려간 내 보따리를 내놓으라고 하는 것과 마찬가지로 비단 장수가 잃어버린 주머니를 주워 주인에게 돌려주려고 했더니 오히려 농부의 돈을 내놓으라고 했습니다.

2 '물에 빠진 사람 건져 놓으니 내 보따리 내놓으라 한다.'는 다급할 때 도와준 사람을 오히려 곤란하게 한다는 뜻이므로 겨울이가 알맞게 사용하였습니다.

3 비단 장수가 비단을 팔아 번 돈 504냥을 주머니 12개에 똑같이 나누어 담았다면 돈주

머니 하나에 $504 \div 12 = 42$(냥)이 들어 있
어야 합니다.

4 주머니 하나에 42냥이 들어 있어야 하고 농
부가 주운 돈주머니에는 32냥이 들어 있었
으므로 ㉠에 들어갈 알맞은 수는
$42 - 32 = 10$(냥)입니다.

---

13 평면도형 밀기

step ③ 개념 연결 문제   084~085쪽

1 (   ) (○)   **2** 풀이 참조
3 오른, 9   **4** 풀이 참조
5 풀이 참조

step ④ 도전 문제   085쪽

6
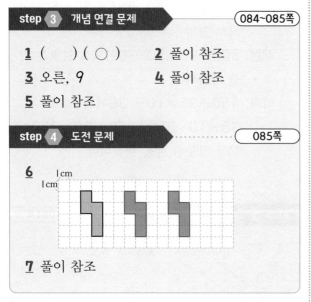

7 풀이 참조

1 모양 조각을 오른쪽으로 밀면 위치만 바뀌고
모양은 바뀌지 않습니다.

2
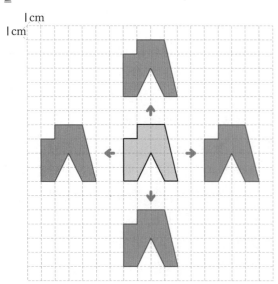

3 ㉡ 도형은 ㉠ 도형의 오른쪽에 있으므로 오
른쪽으로 밀어 움직인 것입니다. ㉠ 도형
에서 ㉡ 도형으로 밀어 움직였을 때 삼각형
의 꼭짓점이 움직인 거리가 모눈 9칸이므로
9 cm 이동하였습니다.

4
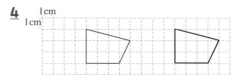

오른쪽으로 8 cm 민 도형의 밀기 전 도형은
도형을 왼쪽으로 8 cm 민 도형과 같습니다.
한 변을 기준으로 하여 왼쪽으로 8 cm 이동
한 도형을 그립니다.

5
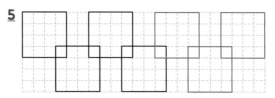

6 도형을 밀면 모양은 변화가 없습니다.

7 ⑩ ㉮ 도형은 ㉯ 도형을 오른쪽으로 10 cm,
위쪽으로 1 cm 민 도형입니다. 또는 ㉯ 도
형은 ㉮ 도형을 왼쪽으로 10 cm, 아래쪽으
로 1 cm 민 도형입니다.

step ⑤ 수학 문해력 기르기   087쪽

1 ③   **2** ②
3 풀이 참조

1 '산산조각이 나고'는 '아주 잘게 깨어져 여러
조각이 나고'라는 뜻이므로 '감기고'는 대신해
서 쓸 수 없습니다.

2 프랑스 왕자가 체스판을 윌리엄 1세의 아들
에게 던지자 윌리엄 1세의 아들도 지지 않고
프랑스 왕자의 머리를 체스판으로 내려쳤으
므로 '눈에는 눈, 이에는 이'의 뜻은 '자신이
손해를 입은 그대로 앙갚음한다'는 것입니다.

3 ⑩ 체스판을 정사각형 모양으로 되돌리려면

도형 ㉮를 아래쪽으로 2 cm 밀고, 다시 오른쪽으로 5 cm 밉니다.

도형 ㉯를 오른쪽으로 1 cm 밀고, 다시 위쪽으로 4 cm 밉니다.

도형 ㉰를 위쪽으로 1 cm 밀고, 다시 왼쪽으로 2 cm 밉니다.

도형 ㉱를 왼쪽으로 4 cm 밉니다.

14 평면도형 뒤집기

step 3 개념 연결 문제
090~091쪽

1 (○) (   ) 2 풀이 참조

3 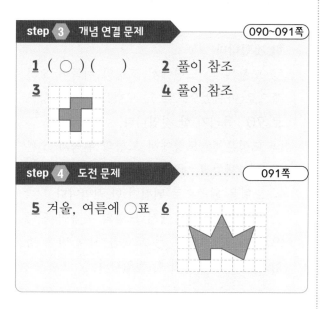 4 풀이 참조

step 4 도전 문제
091쪽

5 겨울, 여름에 ○표 6

1 모양 조각을 오른쪽으로 뒤집으면 모양의 왼쪽과 오른쪽이 서로 바뀝니다.

2

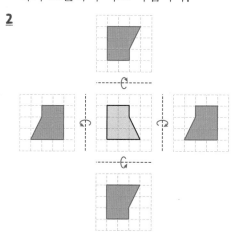

3 도형을 왼쪽으로 뒤집으면 도형의 왼쪽과 오른쪽이 서로 바뀌므로 모양은 변하지 않고

왼쪽과 오른쪽이 바뀐 도형을 그립니다.

4 예 ◹ 모양을 오른쪽 또는 왼쪽으로 뒤집은 모양을 이어 붙여서 무늬를 만들었습니다.

5 도형을 왼쪽으로 7번 뒤집으면 도형의 왼쪽과 오른쪽이 서로 바뀝니다. 즉, 도형 뒤집기를 할 때 왼쪽, 오른쪽, 위쪽, 아래쪽으로 홀수 번 뒤집으면 도형의 방향이 서로 바뀌고 짝수 번 뒤집으면 처음 도형과 같습니다. 도형을 오른쪽으로 뒤집은 도형은 아래쪽으로 뒤집은 도형과 다릅니다(정사각형처럼 같은 경우도 있습니다).

step 5 수학 문해력 기르기
093쪽

1 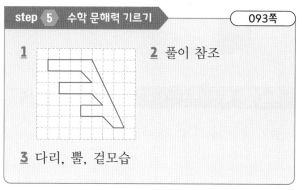 2 풀이 참조

3 다리, 뿔, 겉모습

1 물에 비친 모양은 모양을 오른쪽으로 뒤집는 것과 같습니다. 따라서 수사슴의 뿔 모양은 물에 비친 뿔 모양의 왼쪽과 오른쪽이 서로 바뀐 모양입니다.

2

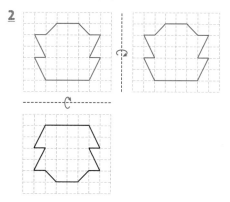

사자 얼굴을 위쪽으로 뒤집으면 위쪽과 아래쪽이 서로 바뀌고, 오른쪽으로 뒤집으면 왼쪽과 오른쪽이 서로 바뀝니다.

15

3 수사슴은 가늘고 긴 다리를 바삐 놀린 덕분에 사자를 따돌릴 수 있었지만 멋진 뿔이 나뭇가지에 걸려 사자에게 잡아먹힐 위기에 처하자 겉모습이 중요하지 않다는 것을 깨닫고 겉모습이 멋지다고 꼭 좋은 것만은 아니라고 말했습니다.

---

15 평면도형 돌리기

step **3** 개념 연결 문제 ⟶ 096~097쪽

1 (○) (   )   **2** 풀이 참조

3 시계, 270 또는 시계 반대, 90

4 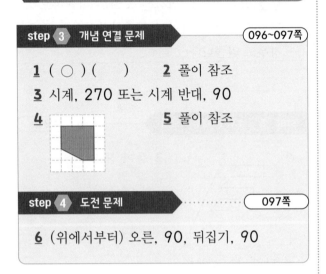   **5** 풀이 참조

step **4** 도전 문제 ⟶ 097쪽

6 (위에서부터) 오른, 90, 뒤집기, 90

---

1 모양 조각을 시계 방향으로 90°만큼 돌리면 모양의 위쪽 부분이 오른쪽으로 이동합니다.

2

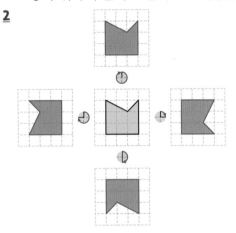

3 ㉡ 도형은 ㉠ 도형의 위쪽 부분이 왼쪽으로 이동했으므로 ㉠ 도형을 시계 방향으로 270° 또는 시계 반대 방향으로 90°만큼 돌린 것입니다.

4 도형을 시계 반대 방향으로 270° 돌리면 위

쪽 부분이 오른쪽으로 이동하므로 돌린 도형의 위쪽 부분이 왼쪽으로 이동한 도형을 그립니다.

5 예 모양을 시계 방향으로 90°만큼 돌리고, 돌린 모양을 반복하여 만든 모양을 오른쪽과 아래쪽으로 밀어서 무늬를 만들었습니다.

6 ㉡ 도형은 ㉠ 도형에서 도형의 왼쪽과 오른쪽이 바뀌었고, ㉠ 도형의 오른쪽에 있으므로 ㉡ 도형은 ㉠ 도형을 오른쪽으로 뒤집기 한 것입니다.

㉢ 도형은 ㉡ 도형에서 도형의 위쪽이 오른쪽으로 바뀌었으므로 ㉡ 도형을 시계 방향으로 90° 돌리기 한 것입니다.

㉣ 도형은 ㉢ 도형에서 도형의 왼쪽과 오른쪽이 바뀌었고, ㉢ 도형의 왼쪽에 있으므로 ㉢ 도형을 왼쪽으로 뒤집기 한 것입니다.

㉣ 도형은 ㉠ 도형에서 도형의 위쪽이 왼쪽으로 바뀌었으므로 ㉠ 도형을 시계 반대 방향으로 90° 돌리기 한 것입니다.

---

step **5** 수학 문해력 기르기 ⟶ 099쪽

1 안토니오 가우디   **2** 건축가

3 ⑤   **4** ③

5 풀이 참조

---

1 이 글은 안토니오 가우디를 가상 인터뷰한 글입니다.

2 집이나 성과 같은 구조물을 목적에 따라 설계하여 흙이나 나무, 돌, 벽돌 등을 써서 세우거나 쌓아 만드는 일을 하는 사람을 건축가라고 합니다.

3 가우디의 건축물에서는 직선을 거의 찾아볼

수 없습니다.

<u>5</u> 예

16 평면도형 뒤집고 돌리기

step 3 개념 연결 문제 .... 102~103쪽

1 풀이 참조   **2** 풀이 참조
3 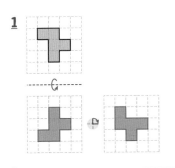   **4** 풀이 참조

step 4 도전 문제 103쪽

5 풀이 참조
6 풀이 참조; 다릅니다에 ○표

<u>1</u>
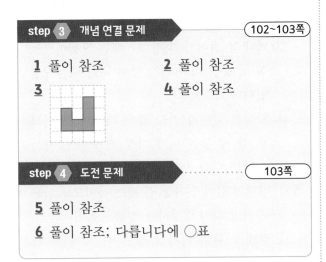

<u>2</u>
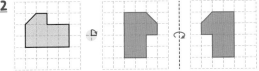

도형을 시계 방향으로 90° 돌리면 도형의 왼쪽이 위쪽으로 바뀝니다. 그리고 도형을 오른쪽으로 뒤집기하면 도형의 오른쪽과 왼쪽이 바뀝니다.

<u>4</u> 예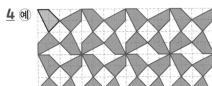

<u>5</u> 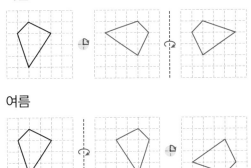 을 오른쪽(또는 왼쪽)으로 뒤집고 시계 방향으로 90°(또는 시계 반대 방향으로 270°)돌렸습니다. 또는 을 시계 방향으로 90°(또는 시계 반대 방향으로 270°) 돌리고 위쪽(또는 아래쪽)으로 뒤집었습니다.

6 같은 도형을 가을이가 돌리고 뒤집었을 때의 도형과 여름이가 뒤집고 돌렸을 때의 도형은 서로 다릅니다.

가을

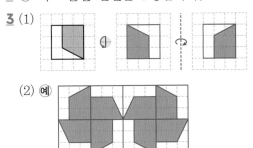

여름

step 5 수학 문해력 기르기 105쪽

<u>1</u> ①   <u>2</u> ⑤
<u>3</u> (1) 풀이 참조 (2) 풀이 참조

1 이 글은 알람브라 궁전 관광객들을 모집하기 위한 글입니다.

2 ⑤ 최소 출발 인원은 5명입니다.

3 (1)

(2) 예

step 3 개념 연결 문제 ··········· 108~109쪽

1 (1) 막대그래프
　(2) 좋아하는 과일별 학생 수
　(3) 1명　(4) 사과
2 (1) 70개　(2) 마 가게, 100개
　(3) 라 가게　(4) 20개

step 4 도전 문제 ··········· 109 쪽

3 풀이 참조

1 (1) 조사한 수를 막대 모양으로 나타낸 그래프를 막대그래프라고 합니다.
　(3) 세로 눈금 5칸이 5명을 나타내므로 1칸은 1명을 나타냅니다.
　(4) 좋아하는 학생이 가장 많은 과일은 13명인 사과입니다.
3 ① 봉사 활동을 하고 싶어 하는 학생이 가장 많은 반은 달 반입니다.
　② 봉사 활동을 하고 싶어 하는 학생이 가장 적은 반은 별 반입니다.
　③ 꽃 반의 봉사 활동을 하고 싶어 하는 학생 수는 별 반의 봉사 활동을 하고 싶어 하는 학생 수의 2배입니다.
　이 외에도 알 수 있는 내용은 많습니다.

step 5 수학 문해력 기르기 ··········· 111쪽

1 ㉤ ; 풀이 참조
2 (1) 월, 강수량　(2) 10 mm
　(3) 9월　(4) 12월
3 풀이 참조

1 막대그래프를 보면 산불이 쉽게 발생하는 계절은 봄과 겨울인데, ㉤에서는 봄이나 가을에 산불이 쉽게 발생한다고 잘못 설명하였습니다.
2 (1) 그래프에서 가로는 월을 나타내고, 세로는 강수량을 나타냅니다.
　(2) 세로 눈금 5칸이 50 mm를 나타내므로 세로 눈금 한 칸은 50÷5=10(mm)를 나타냅니다.
　(3) 막대의 길이가 가장 긴 때는 9월이므로 한 해 동안 비가 가장 많이 내린 때는 9월입니다.
　(4) 막대의 길이가 가장 짧은 때는 12월이므로 한 해 동안 비가 가장 적게 내린 때는 12월입니다.
3 ① 막대의 길이가 가장 긴 때는 봄이므로 산불이 가장 많이 발생하는 계절은 봄입니다.
　② 막대의 길이가 가장 짧은 때는 여름이므로 산불이 가장 적게 발생하는 계절은 여름입니다.
　③ 봄과 겨울의 막대의 길이가 비슷하고, 여름과 가을의 막대의 길이가 비슷하므로 봄과 겨울에 산불이 발생하는 건수가 비슷하고, 여름과 가을에 산불이 발생하는 건수가 비슷합니다.
　이 외에도 알 수 있는 내용은 많습니다.

18 막대그래프 그리기

step 3 개념 연결 문제 ··········· 114~115쪽

1 풀이 참조　　　**2** 풀이 참조

step 4 도전 문제 ··········· 115쪽

3 풀이 참조　　　**4** 풀이 참조

1 예

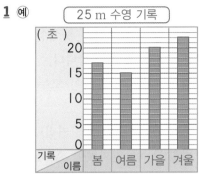

2 예

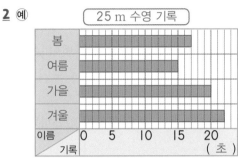

3 예

다음 달 예상 날씨

날씨	맑음	구름 많음	흐림	비	황사	합계
날수 (일)	6	3	7	12	2	30

4 예

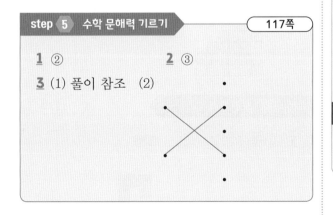

step **5** 수학 문해력 기르기 ··············· 117쪽

1 ②   **2** ③

3 (1) 풀이 참조   (2)

```
        •


    •       •
      ✕
    •       •


        •
```

1 이 글은 정확한 정보와 사실을 전하기 위해

있었던 사실을 기록한 기사문입니다.

2 이 기사에서 다룬 중요한 사건은 친구에게 가장 듣고 싶은 말이 '친구가 되어 줘서 고마워.'라는 것입니다.

3 (1)

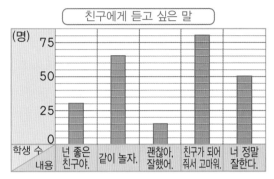

(2) 막대의 길이가 가장 긴 것은 "친구가 되어 줘서 고마워."이므로 ㉠에 알맞은 말은 "친구가 되어 줘서 고마워."입니다.
막대의 길이가 두 번째로 긴 것은 "같이 놀자."이므로 ㉡에 알맞은 말은 "같이 놀자."입니다.

19 수의 배열에서 규칙 찾기

step **3** 개념 연결 문제 ▶   120~121쪽

1 (1) 100   (2) 10100
2 (1) 풀이 참조   (2) 풀이 참조
3 (위에서부터) 32103, 44105,
     51102, 62103
4 (1) 예 6+18=12×2, 6+12=18
     (2) 예 7+19=13×2, 7+13=19+1
     (3) 예 8+20=14×2, 8+14=20+2

step **4** 도전 문제 ▶ ·············· 121쪽

5 (1) 풀이 참조   (2) (위에서부터) 8, 7, 1

1 (1) □ 부분은 10501부터 시작하여 ↓ 방향으로 100씩 작아집니다.

(2) ■ 부분은 10101부터 시작하여 ↗ 방향으로 10100씩 커집니다.

2 (1) 예 □ 부분은 3005부터 시작하여 →방향으로 20씩 커집니다.

(2) 예 ■ 부분은 1005부터 시작하여 ↘ 방향으로 2020씩 커집니다.

3 가로 방향(→)에서 만의 자리, 백의 자리, 십의 자리 수가 같고, 천의 자리, 일의 자리 수가 1씩 커집니다. 세로 방향(↓)을 살펴보면 만의 자리 수가 1씩 커지고 나머지 자리의 수는 모두 같습니다.

5 (1) ① 두 수의 덧셈의 결과에서 일의 자리 숫자를 썼습니다.

② 가로 방향(→)으로 1씩 커집니다.

③ 세로 방향(↓)으로 1씩 커집니다. 대각선 방향(↘)으로 2씩 커집니다.

이 외에도 여러 가지 규칙이 있습니다.

---

step 5 수학 문해력 기르기　123쪽

1 (1) ○　(2) ×　(3) ×　(4) ×
2 ②　　　　　　3 선착순
4 (1) 풀이 참조
(2) (위에서부터) C10, D8, E6

---

1 (1) 2023년 7월 8일 토요일 오전 11시와 오후 4시에 음악회가 두 번 열립니다.

(2) 만 8세부터 음악회를 관람할 수 있으므로 나이가 만 11세인 어린이도 음악회를 관람할 수 있습니다.

(3) 사전 예매는 행복시 누리집에서 1인당 1매만 가능하므로 나 혼자 2매를 예매할 수 없습니다.

(4) 공연장 내부로 음식물을 반입할 수 없으므로 간식을 먹으며 음악회를 관람할 수 없습니다.

---

2 현장에서 관람권을 예매할 수 있는 사람은 만 64세보다 나이 많은 어르신과 장애인이며, 반드시 신분증을 가지고 와야 합니다.

4 (1) ① 가로 방향(→)의 알파벳이 모두 같습니다.

② 가로 방향(→)의 수가 1씩 커집니다.

③ 세로 방향(↓)은 알파벳이 A, B, C, … 순서대로 변합니다.

④ 세로 방향(↓)의 숫자가 모두 같습니다.

⑤ 대각선 방향(↘)으로 알파벳이 A, B, C, … 순서대로 변하고 수도 1씩 커집니다.

이 외에도 여러 가지 규칙이 있습니다.

---

20 도형의 배열에서 규칙 찾기

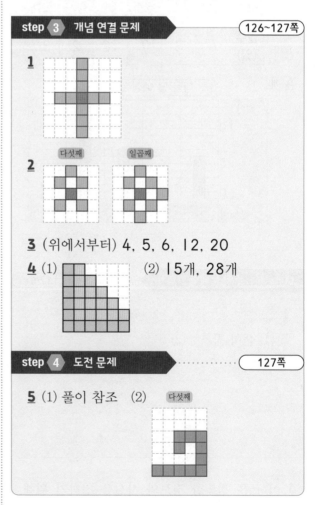

step 3 개념 연결 문제　126~127쪽

1

다섯째　　일곱째

2

3 (위에서부터) 4, 5, 6, 12, 20

4 (1)　　　　(2) 15개, 28개

step 4 도전 문제　127쪽

5 (1) 풀이 참조　(2)　다섯째

20

1 다섯째에 알맞은 도형은 넷째 도형에서 위쪽과 아래쪽에 색칠된 칸이 1개씩 늘어난 모양입니다.

2 첫째~넷째에서 파란색 칸이 시계 방향으로 한 칸씩 색칠됩니다. 여섯째에서 ①과 ②가 색칠되었습니다. 따라서 다섯째에는 ①이 색칠되어야 합니다. 여섯째에는 ②가 색칠되었으므로 일곱째에는 시계 방향으로 ③이 색칠되어야 합니다.

3 모양의 배열을 곱셈식으로 나타내면
첫째: 1×2=2(개), 둘째: 2×3=6(개),
셋째: 3×4=12(개), 넷째: 4×5=20(개)
입니다.

4 (1) 초록색 사각형은 오른쪽과 위쪽으로 사각형이 각각 1개씩 늘어나고, 노란색 사각형은 사각형이 1개부터 2개, 3개, 4개 …로 늘어납니다.

(2) 규칙에 따르면 일곱째에 알맞은 초록색과 노란색 사각형의 수는 각각 15개, 28개입니다.

5 (1) ① 가운데를 기준으로 위쪽, 오른쪽, 아래쪽 시계 방향으로 도형이 배열됩니다.
② 늘어나는 도형의 수가 1개, 2개, 3개로 1씩 늘어납니다.

---

1 이 글은 경복궁을 다녀오고 내용을 정리한 기행문입니다.

2 글을 읽고 왕비가 일상생활을 했던 곳에 대해서는 알 수 없습니다.

3 (2) 첫째에는 빨간색 도형이 1개, 둘째에는 빨간색 도형이 1개, 노란색 도형이 3개, 셋째에는 빨간색 도형이 1개, 노란색 도형이 3개, 초록색 도형이 5개, 넷째에는 빨간색 도형이 1개, 노란색 도형이 3개, 초록색 도형이 5개, 파란색 도형이 7개 있으므로 1부터 차례대로 배열 순서만큼 홀수를 더해 덧셈식으로 나타낼 수 있습니다. 또한 배열 순서의 수를 두 번 곱해 곱셈식으로 나타낼 수 있습니다.

순서	셋째	넷째	다섯째
덧셈식	1+3+5	1+3+5+7	1+3+5+7+9
곱셈식	3×3	4×4	5×5
수	9	16	25

---

21 계산식에서 규칙 찾기

step **3** 개념 연결 문제   132~133쪽

1 (앞에서부터) 431, 888
2 (1) 543   (2) 432−321=111
3 (위에서부터) 6, 37, 444, 12, 37
4 (1) 243÷3÷3÷3÷3÷3=1
(2) (위에서부터) 16÷4÷4=1,
64÷4÷4÷4=1,
256÷4÷4÷4÷4=1

step **4** 도전 문제   133쪽

5 (1) 풀이 참조   (2) 111111, 1111111

1 덧셈식에서 더해지는 수와 더하는 수가 10

---

step **5** 수학 문해력 기르기   129쪽

1 경복궁   **2** ⑤
3 (1)   (2) 풀이 참조

씩 커지므로 계산 결과는 20씩 커집니다.
따라서 넷째에 알맞은 식은
134+431=565입니다.
또한 뺄셈식에서 빼어지는 수는 111씩 작아
지고, 빼는 수는 111씩 커지므로 계산 결과
는 222씩 작아집니다.
따라서 둘째에 알맞은 식은
888−222=666입니다.

2 (1) 뺄셈식에서 빼어지는 수와 빼는 수는
111씩 작아지므로 계산 결과는 항상
111입니다.
따라서 □ 안에 알맞은 수는 654보다
111 작은 수인 543입니다.
(2) 규칙에 따라 빼는 수가 321인 뺄셈식은
432−321=111입니다.

3 곱셈식에서의 규칙은 곱해지는 수는 3, 6,
9, 12로 3씩 커지고 곱하는 수는 모두 37
입니다. 계산 결과는 111, 222, 333 …
으로 각 자리의 숫자가 1씩 커지며 계산 결
과에서 각 자리의 숫자는 모두 같습니다. 곱
셈식의 규칙을 이용하여 나눗셈식을 써 보
면 (몫)÷(곱해지는 수)=(곱하는 수)이므로
222÷6=37, 333÷9=37,
444÷12=37입니다.

4 (2) 나누는 수가 3일 때의 규칙은 ÷3의 개
수가 하나씩 늘어나고, 가장 앞에 있는 나
누어지는 수가 이전 단계의
(나누어지는 수)×3입니다. 따라서 나누
는 수가 4일 때 계산식에서는 ÷4의 개
수가 하나씩 늘어나야 하고, 가장 앞에 있
는 나누어지는 수가 이전 단계의
(나누어지는 수)×4가 되어야 합니다.

5 (1) 곱셈식의 규칙을 보면 계산 결과의 가운
데에 있는 수는 곱해지는 수와 곱하는 수
각각의 1의 개수와 같습니다.
(2) 규칙에 따라서 곱셈의 결과
12345654321의 가운데 수가 6이므

로 곱해지는 수와 곱하는 수가 각각 6개
의 1(111111)로 이루어져야 합니다.

step 5 수학 문해력 기르기 135쪽

1 ②   2 ①
3 봄에 ○표
4 (1) (앞에서부터) 5555555505, 45,
123456789
(2) 8888888808

1 이 글은 오늘날과 같은 계산기를 사용하기까
지의 발전 과정에 대해 쓴 글입니다.
2 '선보이다'는 '물건, 기술, 기능, 작품 등의 좋
고 나쁨을 알아보게 하다'라는 뜻입니다.
3 파스칼의 계산기로는 덧셈과 뺄셈만 할 수
있었습니다.
4 (1) 나눗셈식의 배열에서 규칙은 나누는 수는
2배, 3배, 4배 …씩 커지고, 나누어지는
수가 십의 자리 수를 제외한 나머지 자리
수는 1씩 커져도 몫은 123456789입니
다.
따라서 다섯째에 알맞은 나눗셈식은
5555555505÷45=123456789
입니다.
(2) 72는 9의 8배이므로 여덟째 나눗셈식의
나누어지는 수를 찾으면 됩니다. 규칙에
따라 72로 나누었을 때 몫이
123456789가 되는 수는
8888888808입니다.